KB244598

핸드메이드
마법의
항균 수세미

친환경, 자연 친화를 위한

작은 시작이 되길…

식기세척기는 고사하고 세탁기도 흔치 않던 시절, 우리 어머니들은 한 장에 10원짜리 수세미를 닳고 닳아서 다 헤질 때까지 쓰셨더랬습니다. 세제 한 방울이 아까워서 눈곱만큼 덜어 쓰면서도 행여 찌꺼기라도 남을까 발뒤꿈치까지 들어 가며 힘주어 문질러대던 어머니의 모습을 기억합니다.

요즘엔 각종 세제에 표백제, 유연제 등등 종류도 많고 쓰는 양도 예전에 비할 바가 아닙니다. 그런데 깨끗하게 하려고 사용하는 세제가 오히려 물을 더럽힌다지요. 그러고 보면 우리도 모르게 매일매일 환경을 오염시키고 있는 게 아닐까요.

친환경, 자연 친화라는 수식어를 달고 있는 '아크릴사'는 사실 '아크릴'이라는 사람이 만든 화학섬유입니다. 아이러니하지만 이 화학섬유가 수질 오염의 주범이던 세제를 몰아낸다니, 어찌나 반갑고 고맙던지…. 이 책이 자연과 더불어 살아가고자 하는 모든 이에게 조금이라도 도움이 되었으면 합니다.

바늘이야기 송영예

contents

★ 핸드메이드 항균 수세미 뜨기 전 주의점 · 사용법 · 관리법은 7쪽 참조.

'핸드메이드 항균 수세미' 의 특징

세제를 사용하지 않는다, 피부를 보호한다   친환경 웰빙 수세미

무농약 · 유기농 먹을거리, 화학 처리하지 않은 자연섬유의 옷, 환경호르몬이 나오지 않는 건축자재….
이제는 청소용품도 '웰빙'을 따져야 할 때다. '핸드메이드 항균 수세미'는 세제를 사용하지 않아도
기름기가 말끔히 사라진다. 접시나 그릇은 물론 물때가 낀 주방 타일, 세면대 등 닦기 힘든 곳까지 요술처럼
깨끗하게 닦는다. 또한 까칠까칠한 일반 수세미와는 달리 사용감이 부드럽고, 피부의 유분 유출을 적게
하여, 손이 거칠어지는 것도 예방해준다. 일본의 한 의학계 잡지에서는 주부습진 예방효과에 대해
보고하기도 했다.

세균 번식의 위험이 없다   항균 위생 수세미

수시로 빨고 말려야 하는 수세미를 털실로 만든다? 당연히 아무 털실이나 가능한 것은 아니다.
수세미용 털실, '아크릴사'를 사용해야 한다. 아크릴사 중에도 '스펀지얀' 처럼 수세미 용도로
특수항균처리된 털실을 골라야 한다. 스펀지얀은 물기가 잘 빠지고 기름을 흡수분해하며, 세균번식을
억제하는 등의 특수처리를 해 수세미 용도로 사용하기 적합하다. 간혹 아크릴사는 모두 '수세미용 털실'인
것으로 오해하는 경우가 있는데, 아크릴사에는 종류가 많으므로 특수항균처리가 된 수세미용 아크릴사를
선택해 만들어야 안심하고 사용할 수 있다.

숨겨두는 청소용품이 아니다   보여주고 싶은 팬시 수세미

아크릴사 스펀지얀은 제법 도톰하여 코바늘 뜨기로 4~5단 정도만 떠 주면 금세 수세미로 사용할 수 있는
길이가 된다. 또한 컬러가 대체로 가볍고 밝으며 종류 또한 다양해 쉬운 기본 뜨개 기법 정도로도
팬시용품이나 컬러 인테리어용품으로 착각할 정도의 깜찍한 작품을 완성할 수 있다. 따라서 평상시에는
포인트 인테리어용품처럼 장식해 두었다가 청소할 때 바로 사용할 수 있다.

사용법

관리법

1 반드시 고리를 단다
사용 후에는 물기가 잘 빠지도록 걸어 두는 것이 좋다. 따라서 수세미를 뜰 때는 반드시 고리를 함께 뜨도록 한다. 고리를 달아 두면 장식하기도 편하다.

2 용도에 따라 만들기에 차이를 둔다
그릇을 씻을 때 쓰는 주방용 수세미는 조금 성기게 짜야 잡고 쓰기에 부담이 없고, 음식찌꺼기 등이 낄 염려도 없다. 욕실용 수세미는 짜임을 촘촘하게 하고 크기를 조금 크게 하는 것이 쓰기에 편리하다. 매듭은 풀릴 염려가 있으므로 전체적으로 보이지 않게 한다.

1 용도에 맞춰 구분해 둔다
주방이나 욕실, 거실 등 용도에 맞게 크기나 모양을 결정해 준비해 두면 요긴하게 쓸 수 있다. 특히 주방은 기름때 전용, 유리그릇 전용 등으로 분류해 놓고 사용하면 더욱 깔끔하고 위생적이다.

2 미지근한 물을 사용한다
주방용과 욕실용의 경우 기본 사용법은 미지근한 물을 사용하여 수세미로 잘 문지르는 것. 찬물로도 가능하지만 미지근한 물이 세척력을 높일 수 있다. 거실용의 경우 털이용은 물을 묻히지 말고 먼지를 닦아내는 용도로 쓰고, 닦이용은 물을 적셔 사용하면 된다.

3 기름기가 많을 때는 흐르는 물에 닦는다
기름을 많이 사용한 그릇이나 프라이팬을 닦을 때는 신문지나 키친페이퍼로 닦아낸 다음 더운물을 틀어놓은 상태에서 잘 문질러 닦는다. 꺼림칙하다면 세제를 아주 조금 사용한다. 일반 수세미와는 달리 세제를 조금만 사용해도 거품이 많이 난다.

1 물로 깨끗이 빤 후 햇빛에 말린다
주방용이나 욕실용의 경우, 사용한 수세미는 물로 깨끗이 빨아 햇빛이 잘 드는 곳에 말리면 된다. 수세미의 더러움이 심할 때는 소량의 주방세제나 비누로 빨아서 쓰면 더욱 깨끗하게 오래 사용할 수 있다. 수명은 보통 6개월 정도. 거실용의 경우 더러워졌을 때 빨래비누로 빨아 마찬가지로 햇빛에 말린다.

2 염소계 표백제나 뜨거운 열은 피한다
털실 제품이기 때문에 몇 가지 주의점이 있다. 우선 다림질해서 건조시키지 않도록 한다. 또한 염소계 표백제나 유연제를 사용하여 세탁하는 것도 피한다. 직접 화기에 닿지 않게 하고, 뜨거운 냄비나 프라이팬에도 직접 사용하지 않도록 한다. 세척할 용기가 뜨거울 때는 반드시 식힌 다음 닦는다.

for kitchen cleaning

part 1

뽀득뽀득

주방용 뜨개 수세미

깔끔하고 산뜻한 주방 이미지를 만드는 데,
가끔 걸림돌(?)이 되는 수세미. 걸어 두어도 올려놓아도 왠지
칙칙해 보이던 수세미가 이제 주방의 인테리어 포인트로
업그레이드된다. 아크릴사 스펀지얀이라는 특수실을 이용해
손뜨개로 만든 주방용 수세미. 세제를 사용하지 않아도
오염물이 말끔히 제거될 정도로 그 기능도 탁월하다.
디자인도 컬러도 너무 예뻐 사용하기 아까운 생각마저 드는
'친환경 팬시 수세미'를 소개한다.

주방에서 사용해요~

01
평면 모티브 수세미

싱크대의 스테인리스 스틸 부분이나
수도꼭지를 닦을 때 편리하다.
사용한 후에는 깨끗하게 헹궈서
컵걸이나 창가에 장식소품처럼
걸어 두어도 좋다.

원형꽃 수세미

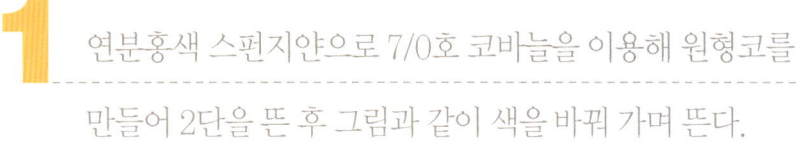

1 연분홍색 스펀지얀으로 7/0호 코바늘을 이용해 원형코를 만들어 2단을 뜬 후 그림과 같이 색을 바꿔 가며 뜬다.

2 마지막 단은 짧은뜨기로 마무리하고 사슬뜨기로 끈을 떠서 빼뜨기로 달아 준다.

재료와 도구

실 스펀지얀 연분홍색 ·
진분홍색 · 초록색 조금씩
바늘 7/0호 코바늘

사용한 뜨기부호

○ 사슬뜨기
+ 짧은뜨기
干 한길긴뜨기
● 빼뜨기

완성치수

지름 14cm

14cm(26코)

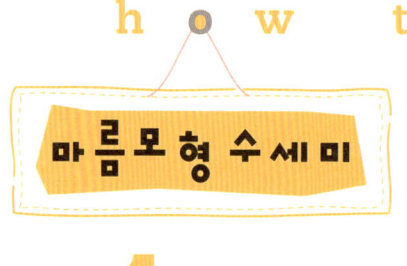

마름모형 수세미

1 파란색 스펀지얀으로 7/0호 코바늘을 이용하여 도안과 같이

원형코를 만들어 모티브 뜨기를 시작한다.

2 마지막 테두리단은 파란색과 주황색 스펀지얀으로 짧은뜨기와

사슬뜨기로 마무리하고 사슬뜨기로 끈을 떠서 빼뜨기로 달아 준다.

재료와 도구

실 스펀지얀 파란색 · 주황색
조금씩

바늘 코바늘 7/0호

사용한 뜨기부호

○ 사슬뜨기
╋ 짧은뜨기
Ŧ 한길긴뜨기
● 빼뜨기

완성치수

가로 14cm, 세로 14cm

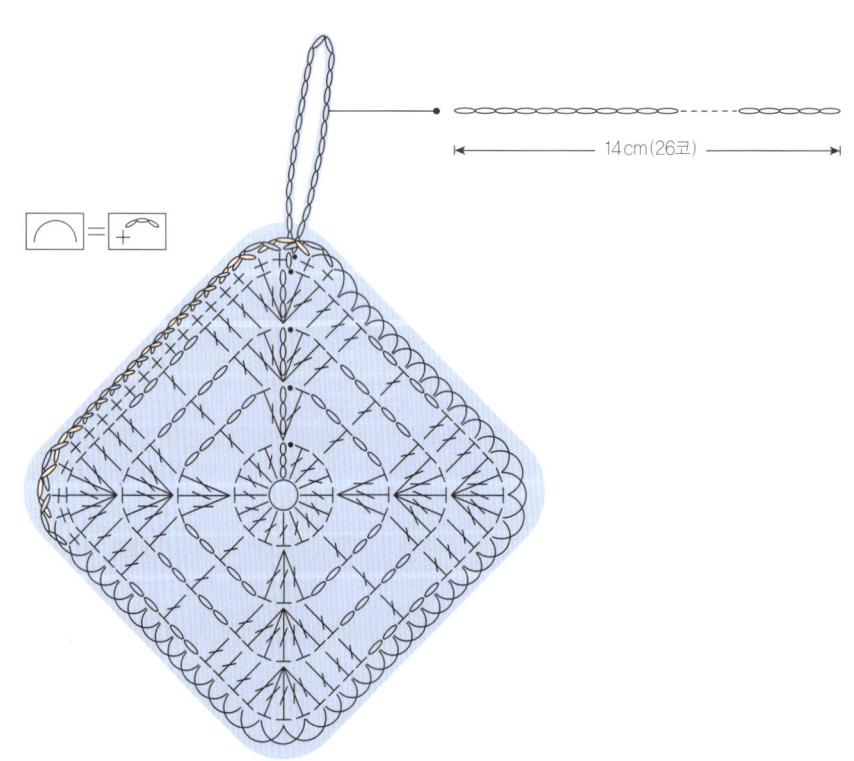

14cm(26코)

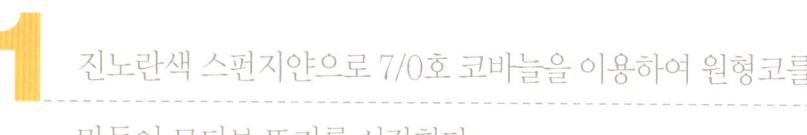

사각형꽃 수세미

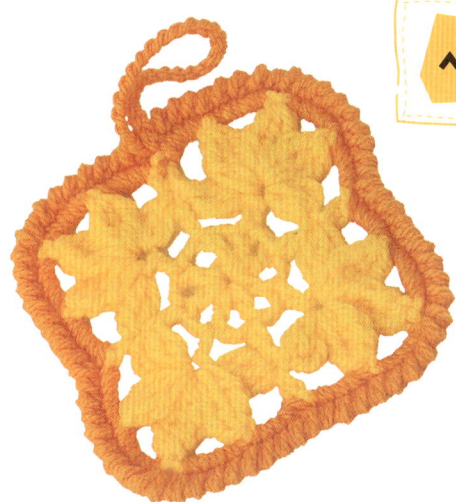

1 진노란색 스펀지얀으로 7/0호 코바늘을 이용하여 원형코를 만들어 모티브 뜨기를 시작한다.

2 3단을 뜬 후 실을 바꿔 주황색 스펀지얀으로 도안과 같이 뜨고, 마지막 단은 되돌아짧은뜨기로 마무리한다.

3 사슬뜨기 28코로 끈을 떠서 빼뜨기로 달아 완성한다.

재료와 도구

실 스펀지얀 진노란색 · 주황색 조금씩
바늘 코바늘 7/0호

사용한 뜨기부호

○ 사슬뜨기
十 짧은뜨기
于 한길긴뜨기
㕮 한길긴뜨기 3코모아뜨기
㕮 두길긴뜨기 3코모아뜨기
于 되돌아짧은뜨기
● 빼뜨기

완성치수

가로 14cm, 세로 14cm

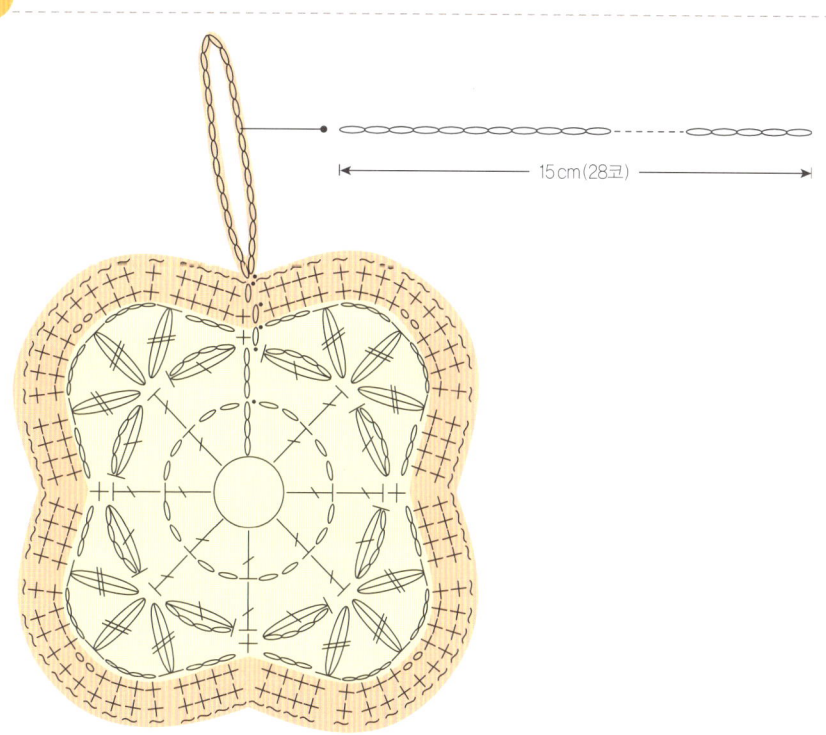

15cm(28코)

주방에서 사용해요~

사용한 뜨기부호

○ 사슬뜨기
┼ 짧은뜨기
┬ 긴뜨기
┮ 한길긴뜨기
╤ 두길긴뜨기
┱ 한길긴뜨기 걸어뜨기
┯ 되돌아짧은뜨기
● 빼뜨기

02

버블모티브수세미

세모 모양의 깜찍한 수세미.
장식품 같지만 여간해선 기름기가 잘
가시지 않는 플라스틱 밀폐용기를 뽀드득
소리가 나게 닦아낸다. 미지근한 물에
용기를 한 번 헹군 후 사용한다.

1 연녹색 스펀지얀으로 7/0호 코바늘을 이용해 도안과 같이 모티브 뜨기를 시작한다.

2 마지막 단은 연녹색으로 되돌아짧은뜨기한 후 사슬뜨기로 끈을 떠서 빼뜨기로 달아 완성한다.

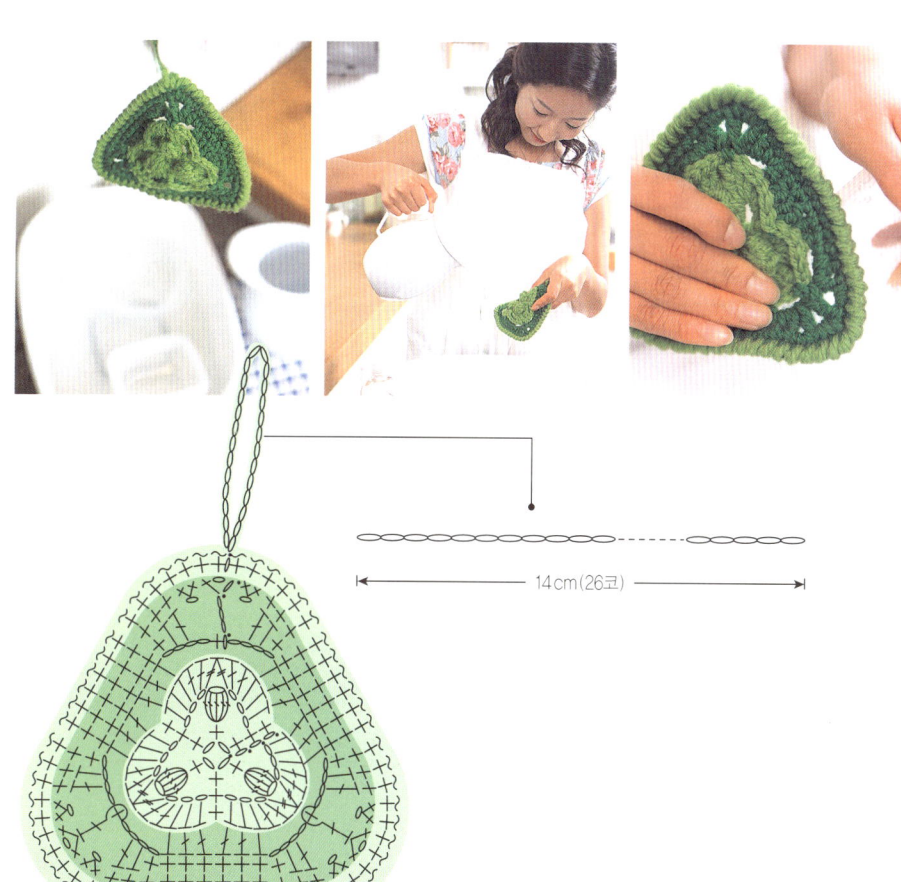

재료와 도구

실   스펀지얀 진녹색 · 연녹색 조금씩

바늘 코바늘 7/0호

완성치수

길이 12 cm

14 cm (26코)

주방에서 사용해요~

03
금잔화 모티브 수세미

사용한 뜨기부호

○ 사슬뜨기
+ 짧은뜨기
T 긴뜨기
下 한길긴뜨기
ち 짧은뜨기 걸어뜨기

꽃잎이 달린 도톰한 수세미.
미지근한 물에 빨아 꼭
짠 후 주방의 타일 벽을
문지르면 말라붙은
음식찌꺼기들을 깨끗이
닦아낼 수 있다. 다 닦은 후
깨끗한 행주로 마무리한다.

1 연분홍색 스펀지얀으로 7/0호 코바늘을 이용해

원형코를 만들고 4단을 뜬 후 진분홍색, 빨간색 순으로 실을

바꿔 마지막 단까지 뜬다.

2 사슬 22코로 끈을 떠서 빼뜨기로 달아 완성한다.

재료와 도구

실 스펀지얀 연분홍색 ·
　　 진분홍색 · 빨간색 조금씩

바늘 코바늘 7/0호

완성치수

지름 12 cm

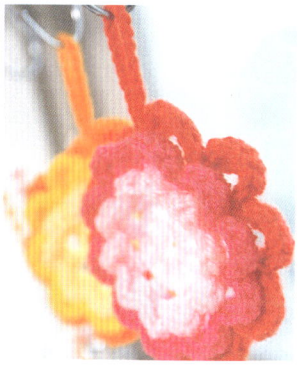

10 cm(22코)

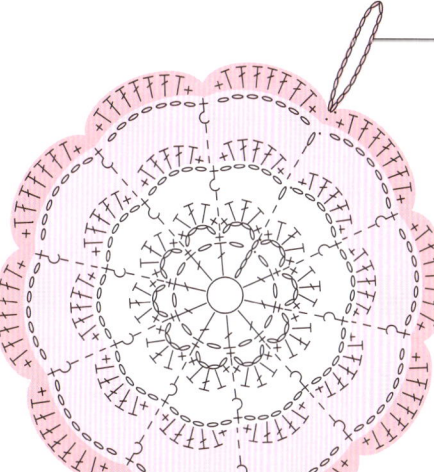

사용한 뜨기부호

○ 사슬뜨기
╋ 짧은뜨기
Ŧ 한길긴뜨기

04
스펀지 기본 수세미

밥알이 눌어붙어 있거나 기름기가
너무 많은 그릇을 씻을 때는 수세미 안에
스펀지가 들어 있으면 사용하기 편하다.
거품이 풍부하게 날 뿐만 아니라
물기가 많아 잘 닦이기 때문.

1 진노란색 스펀지얀으로 7/0호 코바늘을 이용해 앞판

무늬뜨기를 색을 바꿔 가며 떠 놓는다.

2 같은 방법으로 뒤판도 뜨고, 앞판과 뒤판을 맞대어 놓고 주황색

스펀지얀으로 3면을 짧은뜨기로 연결한다.

3 스펀지를 넣고 나머지 한 면도 짧은뜨기로 연결한다.

사슬뜨기로 끈을 떠서 빼뜨기로 달아 준다.

재료와 도구

실 스펀지얀 진노란색 ·
주황색 조금씩

바늘 코바늘 7/0호

기타 스펀지
(기로 7cm×세로 10cm
×두께 4cm)

완성치수

가로 10cm, 세로 13cm

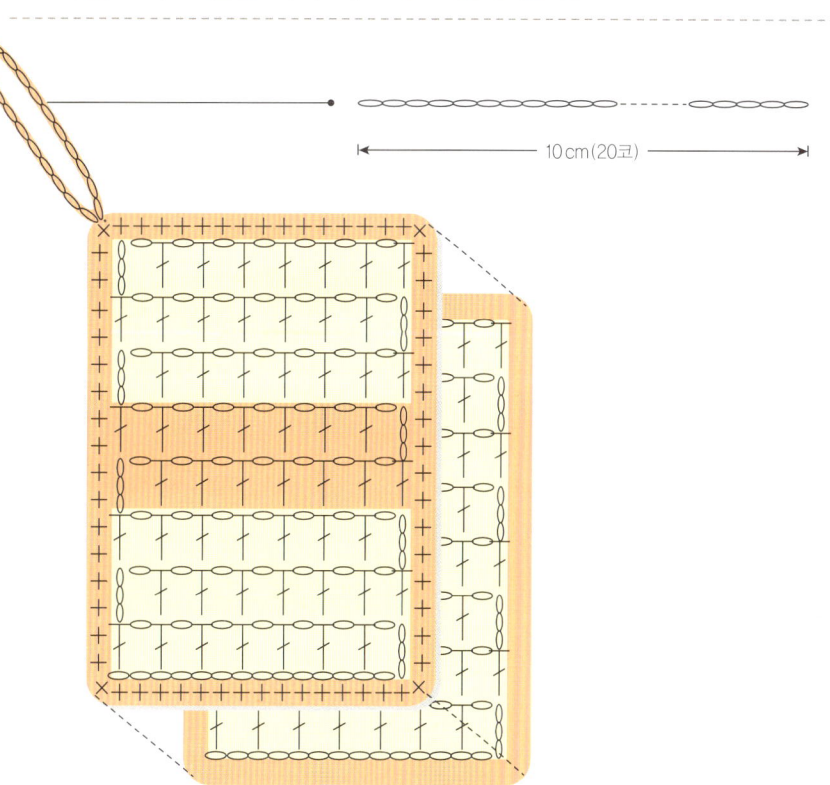

10cm(20코)

주방에서 사용해요~

수세미 볼

05

물에 적시면 힘이 생기는
아크릴사 스펀지얀의 위력을 확실히
느낄 수 있는 제품.
물때가 끼었거나 오래 사용하여
색이 바랜 그릇도 잘 닦인다.

사용한 뜨기부호

- ◯ 사슬뜨기
- ✛ 짧은뜨기
- ⊤ 한길긴뜨기
- ႒ 짧은뜨기 걸어뜨기
- ● 빼뜨기

1 연녹색 스펀지얀으로 7/0호 코바늘을 사용하여

원형코를 만들어 짧은뜨기 12코를 뜬다.

2 도안과 같이 코를 늘려 가며 완성한다.

3 꽃 모티브를 뜬 후 처음 짧은뜨기 부분에 걸어뜨기를 하여

도안과 같이 꽃술을 만들어 준다.

4 모티브의 뒷면에 사슬뜨기로 끈을 떠서 달아 준다.

재료와 도구

실 스펀지얀 연녹색 30g
바늘 코바늘 7/0호

완성치수

지름 15cm

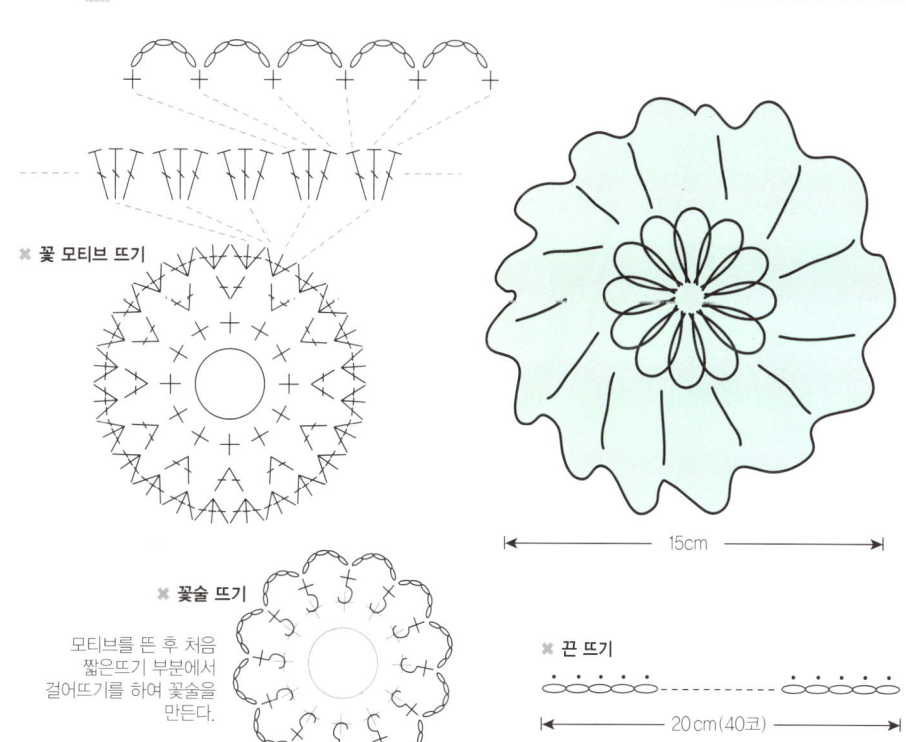

✻ 꽃 모티브 뜨기

✻ 꽃술 뜨기

모티브를 뜬 후 처음
짧은뜨기 부분에서
걸어뜨기를 하여 꽃술을
만든다.

15cm

✻ 끈 뜨기

20cm(40코)

주방에서 사용해요~

06
고무뜨기 수세미

고리를 가운뎃 손가락에 끼고 설거지를 할 때
사용하거나 세제를 조금 묻혀 싱크대 등을
닦을 때 사용한다. 고무뜨기로 짜임을
촘촘하게 하여 꼼꼼하게 잘 닦인다.

사용한 뜨기부호

- ◯ 사슬뜨기
- ⊢⊢ 1×1 고무뜨기
- ∩ 끌어올리기
- ∣ 메리야스뜨기
- ⋏ 왼코겹치기

1 빨간색 스펀지얀으로 대바늘 6mm를 사용하여

일반코잡기로 21코를 잡는다.

2 도안의 무늬뜨기와 같이 끌어올리기 고무단으로 14단을 뜬 다음

아이보리색으로 바꾸어 4단, 다시 빨간색으로 16단을 뜬다.

3 35단째부터는 메리야스뜨기로 뜨면서 도안과 같이 코를

줄이면서 3단을 뜨고 코막음한다.

4 코바늘 7/0호로 끈을 떠서 달아 주고 돗바늘로 시침질하여

종 모양을 만든다.

재료와 도구

실 스펀지얀 빨간색 30g,
아이보리색 조금
바늘 대바늘 6mm,
코바늘 7/0호, 돗바늘

완성치수

가로 17cm, 세로 13 cm

✳ 무늬뜨기

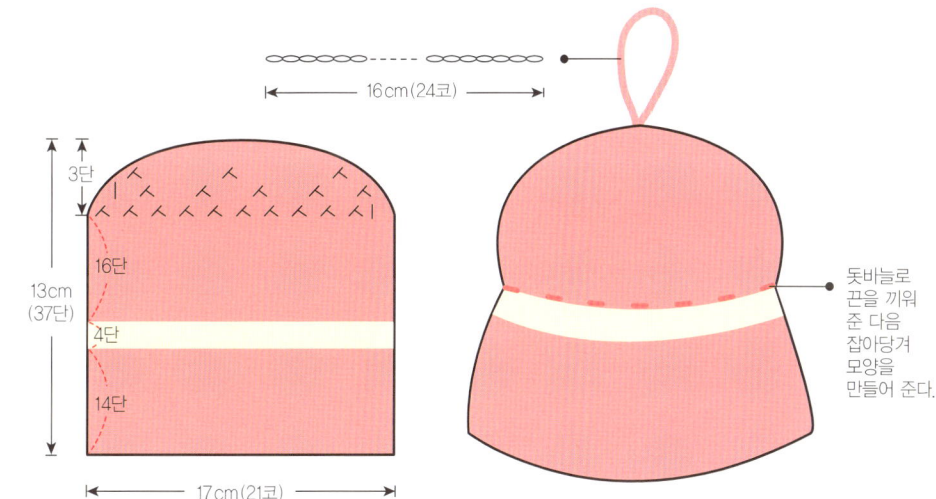

16 cm(24코)

3단

16단

4단

14단

13cm
(37단)

17cm(21코)

돗바늘로
끈을 끼워
준 다음
잡아당겨
모양을
만들어 준다.

07

과일 수세미

주방에서 사용해요~

사용 용도를 말해 주는
재미있는 수세미. 엄지손가락을
끼울 수 있어 사용 중 수세미가
밀리지 않는다. 과일이나
채소의 겉면에 묻은 농약이나
흙을 씻어 낼 때 사용한다.

오렌지 수세미

1 연노란색과 진노란색의 스펀지얀으로 7/0호 코바늘을 이용해 오렌지 단면 모티브를, 주황색으로는 오렌지 겉면 모티브를 뜬다.

2 단면과 겉면을 그림과 같이 맞대어 놓고 손이 들어갈 입구만 남기고 짧은뜨기로 연결한다. 단면의 입구 쪽 남은 부분도 짧은뜨기로 마무리한다.

재료와 도구

실 스펀지얀 연노란색 · 진노란색 · 주황색 조금씩

바늘 코바늘 7/0호

사용한 뜨기부호

○ 사슬뜨기
十 짧은뜨기
下 한길긴뜨기
丂 한길긴뜨기 걸어뜨기
● 빼뜨기

완성치수

지름 15cm

※ 오렌지 단면 뜨기   ※ 오렌지 겉면 뜨기

13cm   13cm

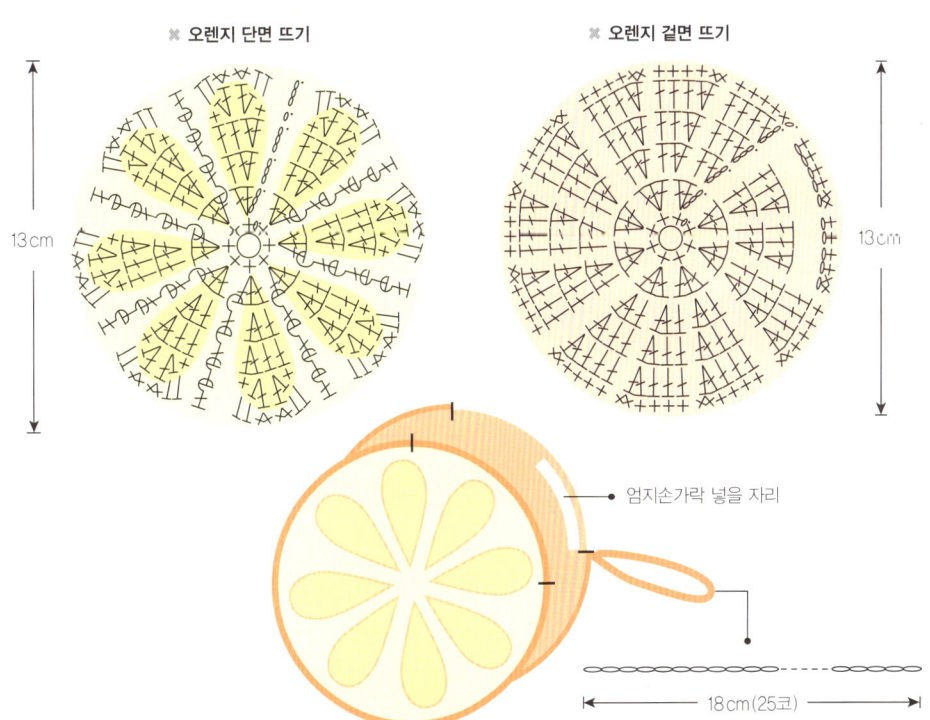

엄지손가락 넣을 자리

18cm(25코)

수박 수세미

1 진녹색 스펀지얀으로 7/0호 코바늘을 이용해 수박 겉면 모티브를, 빨간색으로는 수박 단면 모티브를 각각 뜬다.

2 진파란색 스펀지얀으로 수박 씨 모양을 스티치하고, 연녹색으로 수박 겉면을 스티치한다.

3 손이 들어가는 입구를 남기고 단면과 겉면을 짧은뜨기로 연결한다. 단면의 입구 쪽 남은 부분도 짧은뜨기로 마무리한다.

재료와 도구

실 스펀지얀 진녹색 · 빨간색 · 연녹색 · 진파란색 조금씩

바늘 코바늘 7/0호, 돗바늘

사용한 뜨기부호

○ 사슬뜨기
十 짧은뜨기
干 한길긴뜨기
● 빼뜨기

완성치수

지름 16cm

✖ 수박 단면 뜨기

✖ 수박 겉면 뜨기

14cm

14cm

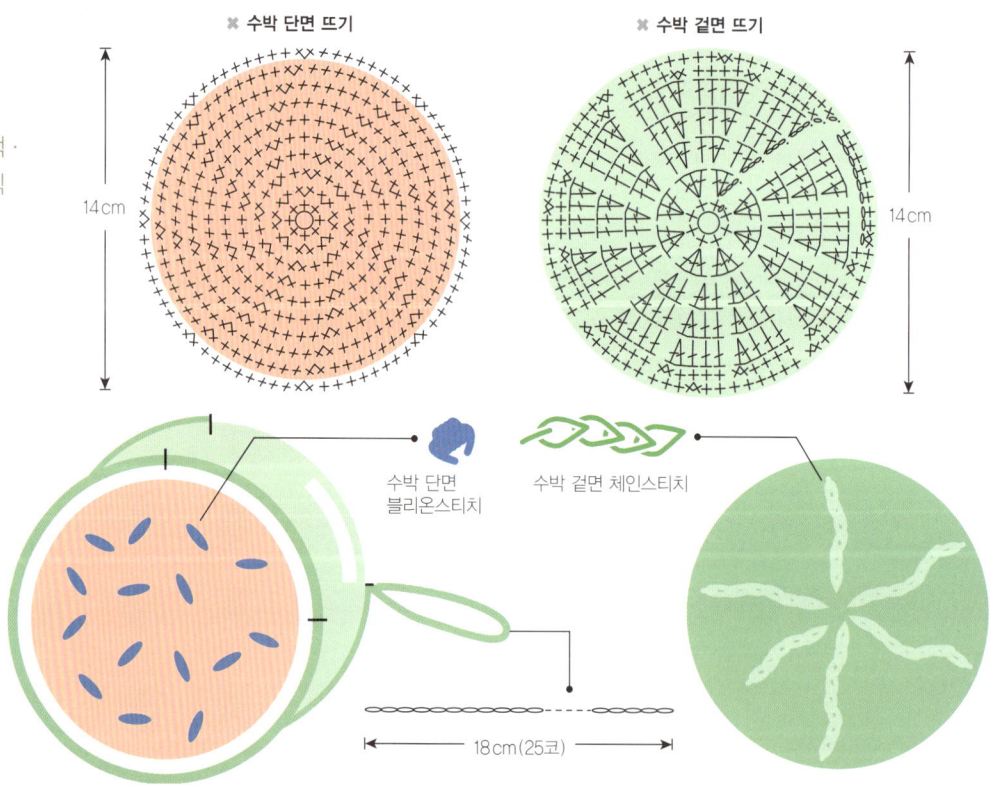

수박 단면
블리온스티치

수박 겉면 체인스티치

18cm(25코)

사과 수세미

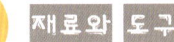

1 연노란색 스펀지얀으로 7/0호 코바늘을 이용해 사과

단면 모티브를, 빨간색 스펀지얀으로는 사과 겉면 모티브를 뜬다.

2 단면과 겉면을 맞대어 놓고 손이 들어가는 입구를 남기고

짧은뜨기로 연결한다. 단면의 입구 쪽 남은 부분도 짧은뜨기로

마무리한다.

3 사과 잎 모양과 고리끈은 초록색 스펀지얀으로 뜨고, 진한

노란색과 빨간색으로는 사과 씨 모양을 스티치한다.

재료와 도구

실 스펀지얀 연노란색 · 빨간색 ·
진노란색 · 초록색 조금씩

바늘 코바늘 7/0호, 돗바늘

사용한 뜨기부호

○ 사슬뜨기
十 짧은뜨기
下 한길긴뜨기
● 빼뜨기

완성치수

지름 14cm

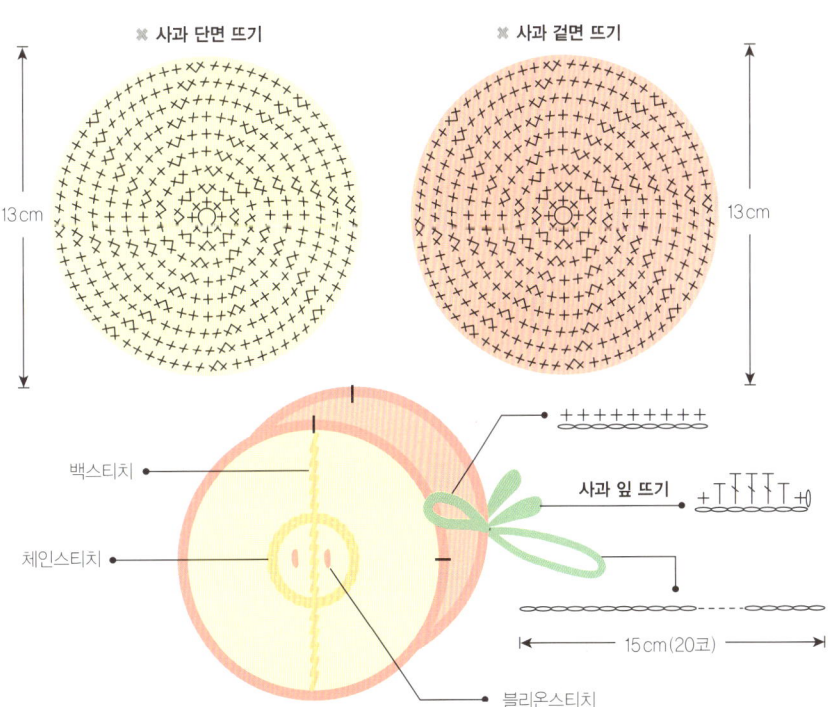

✻ 사과 단면 뜨기

✻ 사과 겉면 뜨기

13cm

13cm

백스티치

체인스티치

블리온스티치

사과 잎 뜨기

15cm(20코)

주방에서 사용해요~

사용한 뜨기부호

◯ 사슬뜨기
✛ 짧은뜨기
⊞ 링뜨기
● 빼뜨기

08
오색꽃술닦이

링뜨기로 꽃술을 달고
짧은뜨기로 꽃잎을 달아 단단하게
만든 수세미. 가스레인지 주위나
후드 주위의 찌든 기름때를
세제 없이 닦아내기에 적당하다.

1 코바늘 7/0호를 사용하여 노란색 스펀지얀으로 도안과

같이 짧은뜨기와 링뜨기를 이용하여 꽃 중앙을 2장 뜬다.

2 주황색 스펀지얀으로 원형코를 만들어 도안과 같이 짧은뜨기로

꽃잎을 완성한다. 같은 방법으로 초록색, 파란색, 빨간색,

진분홍색도 뜬다.

3 꽃 중앙 두 장을 맞대고 꿰매면서 꽃잎을 하나씩 달아 준 다음,

끈을 달아 완성한다.

재료와 도구

실 스펀지얀 노란색 · 주황색 ·
초록색 · 파란색 · 빨간색 ·
진분홍색 조금씩
바늘 코바늘 7/0호, 돗바늘

완성치수

지름 17cm

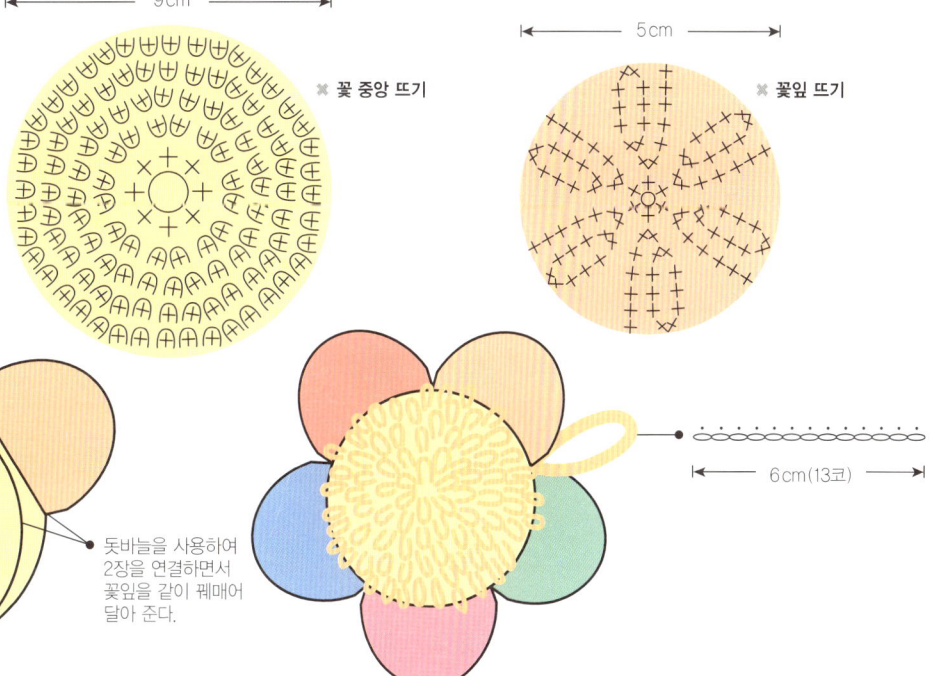

9cm

※ 꽃 중앙 뜨기

5cm

※ 꽃잎 뜨기

돗바늘을 사용하여
2장을 연결하면서
꽃잎을 같이 꿰매어
달아 준다.

6cm(13코)

주방에서 사용해요~

구름 주머니 수세미

09

미지근한 물을 묻혀 법랑이나
도자기 종류를 닦아 보면
아무리 오래된 제품이라도 요술처럼
반짝반짝 빛이 난다. 주머니 모양으로
만들어 손을 넣고 사용하기 편하다.

사용한 뜨기부호

○ 사슬뜨기
╀ 짧은뜨기
∩ 끌어올리기
⊼ 되돌아짧은뜨기
🦳 피코뜨기
⬬ 빼뜨기
∏ 가터뜨기

1 연녹색 스폰지얀으로 7mm대바늘을 이용해 19코를

잡아 앞판 무늬뜨기로 36단을 뜬다.

2 연녹색 스펀지얀으로 20코를 잡아 가터뜨기로 42단을 떠서

뒤판을 완성한다.

3 앞판과 뒤판을 포개어 놓고 뒤판의 입구 부분은 남겨 둔 채

4면을 테두리 무늬뜨기하여 2장을 연결한 후 끈을 달아 준다.

4 뒤판의 남은 한 테두리는 되돌아짧은뜨기로 마무리한다.

재료와 도구

실 스펀지얀 연녹색 ·
　　연노란색 조금씩

바늘 대바늘 7mm, 코바늘 7/0호

완성치수

가로 18cm, 세로 18cm

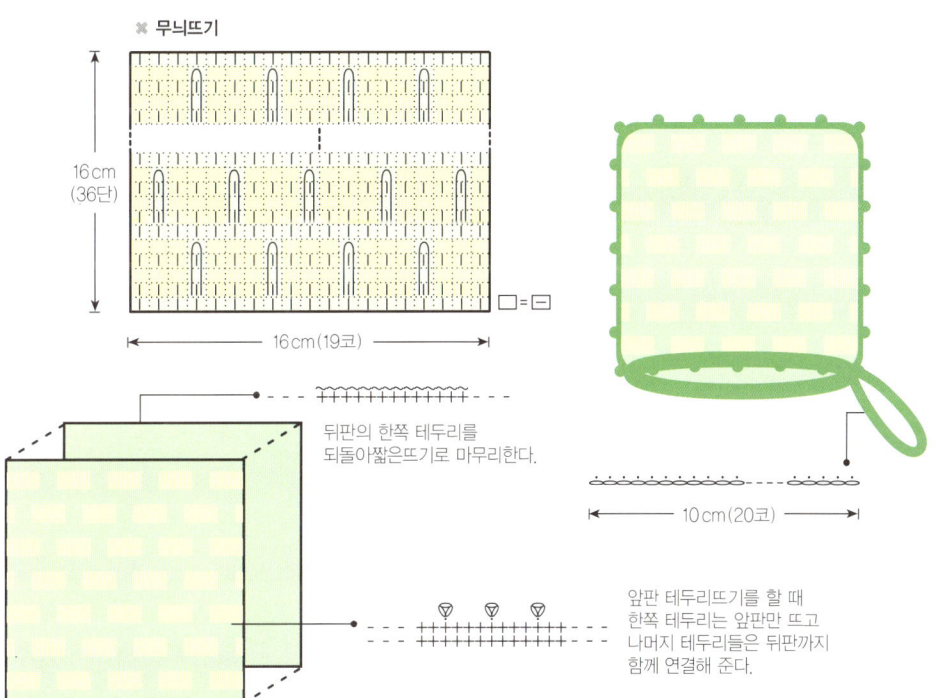

✻ 무늬뜨기

16cm (36단)

16cm (19코)

□ = ─

뒤판의 한쪽 테두리를
되돌아짧은뜨기로 마무리한다.

10cm (20코)

앞판 테두리뜨기를 할 때
한쪽 테두리는 앞판만 뜨고
나머지 테두리들은 뒤판까지
함께 연결해 준다.

주방에서 사용해요~

10 사탕 병솔 세트

손이 들어가지 않는
젖병 속이나 유리병
속을 뽀득뽀득 닦아내는
화려한 병솔.
가터뜨기로 손쉽게
만들 수 있다.
속이 비치는 목이 긴
유리병에 꽂아 두면
장식 효과도 있다.

알사탕 병솔

1 빨간색 스펀지얀으로 7mm 대바늘을 이용해 16코를 잡아

도안과 같이 배색실을 바꿔 가며 무늬뜨기한다.

2 마지막 단의 남은 코는 돗바늘을 통과시켜 살짝 잡아당겨 오므려

마무리한 후 옆선은 돗바늘로 꿰맨다.

3 재활용 막대를 꼬아서 넣고 그림과 같이 가운데 두 부분을 실로

돌돌 묶어서 알사탕 모양을 완성한다.

재료와 도구

실 스펀지얀 빨간색 · 노란색 등
다양하게 조금씩
바늘 대바늘 7mm, 돗바늘
기타 재활용 옷걸이나 막대

사용한 뜨기부호

人 왼코겹치기
ㅅ 왼코늘리기
| 메리야스뜨기

완성치수

길이 11 cm

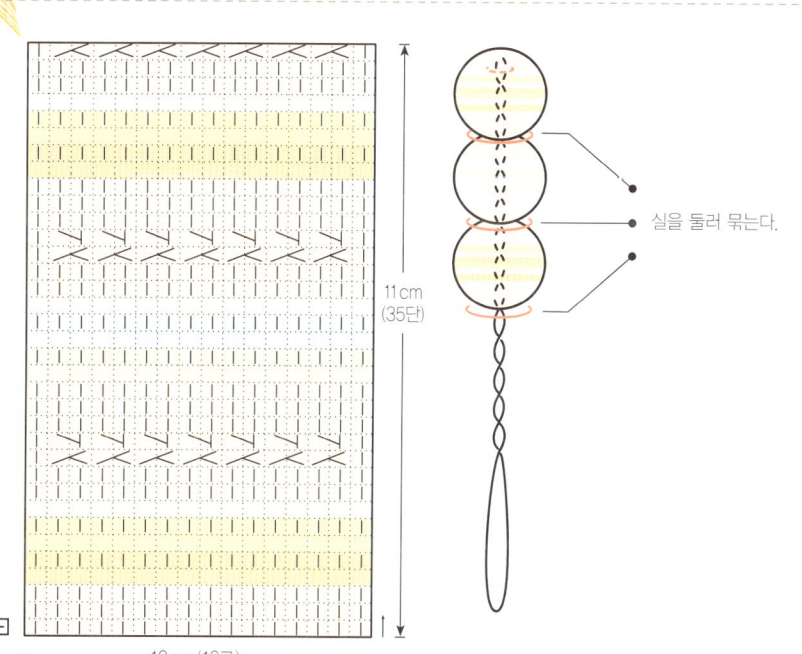

□ = ⊟

10 cm(16코)

11 cm (35단)

실을 둘러 묶는다.

h o w   t o   m a k e

원통 병솔

1 빨간색 스펀지얀으로 7mm 대바늘을 이용해 15코를 잡아

도안과 같이 실의 색깔을 바꿔 가며 무늬뜨기하고 코막음한다.

2 실을 바꿀 때 여유분의 실을 남겨 마지막에 술 모양을 만든다.

3 시작 면과 끝 면을 꿰매어 원통으로 만들고 막대를 넣어

고정시킨다.

4 남긴 여유분의 실을 한 번에 묶어 술 모양을 완성한다.

재료와 도구

실　스펀지얀 빨간색, 노란색 등
　　다양하게 조금씩
바늘　대바늘 7mm, 돗바늘
기타　재활용 옷걸이나 막대

사용한 뜨기부호

┬┬　가터뜨기

완성치수

　길이　10cm

실을 바꿔 뜰 때마다
여유 있게 남겨 다 뜬 후
한꺼번에 묶어 준다.

□ = ─

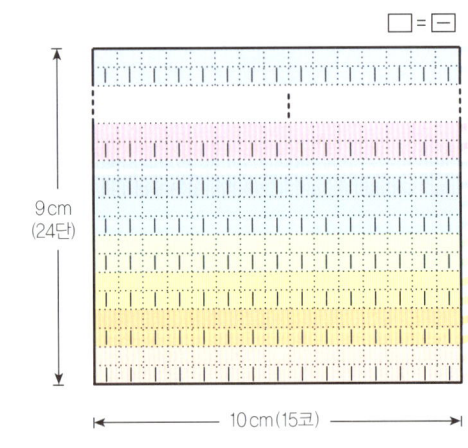

9cm
(24단)

10cm(15코)

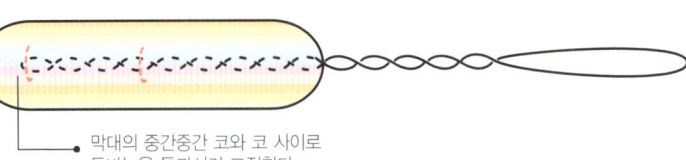

막대의 중간중간 코와 코 사이로
돗바늘을 통과시켜 고정한다.

와이퍼 병솔

1 빨간색 스펀지얀으로 7mm 대바늘을 이용해 15코를 잡아

2 도안과 같이 실의 색깔을 바꿔 가며 무늬뜨기하고 코막음한다.

실을 바꿀 때 여유분의 실을 남겨 마지막에 술 모양을 만든다.

3 시작 면과 끝 면을 꿰매어 원통으로 만들고 막대를 넣고 고정시킨다.

4 윗부분 4곳을 꿰매 십자 모양을 만들고, 남긴 여유분의 실을

한 번에 묶어 술 모양을 완성한다.

재료와 도구

실 스펀지얀 빨간색·노란색 등
다양하게 조금씩

바늘 대바늘 7mm, 돗바늘

기타 재활용 옷걸이나 막대

사용한 뜨기부호

TT 가터뜨기

완성치수

길이 10cm

20cm
(60단)

□ = ⊟

10cm(15코)

표시끼리 맞대어
꿰매 준다.

실을 바꿔
뜰 때마다
여유 있게 남겨
다 뜬 후 한꺼번에
묶어 준다.

막대의 중간중간 코와
코 사이로 돗바늘을
통과시켜 고정한다.

주방에서 사용해요~

사용한 뜨기부호

○ 사슬뜨기
＋ 짧은뜨기
Ŧ 한길긴뜨기
⊞ 링뜨기

11
팝콘컵솔

쓰지 않는 칫솔을 재활용하여 만든
깜찍한 디자인의 수세미.
칫솔을 쉽게 넣고 뺄 수 있어
세탁도 편리하다. 긴 유리컵이나
머그잔을 닦을 때 이용한다.

1 진노란색 스펀지얀으로 7/0호 코바늘을 이용해

원형코를 만들어 도안대로 모티브를 뜬다.

2 진분홍색으로 사슬코 50코를 만들어 끈을 떠 놓는다.

3 ①의 모티브에 스펀지를 넣고 재활용 칫솔막대를 꽂아 주어

마무리하고 떠 놓은 끈을 한길긴뜨기 사이로 엮어 막대가

흔들리지 않게 묶는다.

재료와 도구

실 스펀지얀 진노란색 30g,
　　진분홍색 조금
바늘 코바늘 7/0호
기타 재활용 칫솔, 스펀지 조금

완성치수

길이 10 cm, 둘레 22 cm

9cm

다 쓴 칫솔막대를
재활용한다.

22 cm(50코)

KITCHEN

주방에서 사용해요~

사용한 뜨기부호

TT 가터뜨기

1 2

원형꼬임 수세미

손에 잡기 편한 크기의 원형 수세미.
기름기가 많은 커다란 접시나 볼을
세제 없이 닦을 때 적당하다.
가터뜨기와 새우뜨기만으로
쉽게 완성할 수 있다.

1 스펀지얀 하늘색으로 대바늘 6mm를 사용하여 나중에

풀어 낼 실로 10코를 잡고 6단씩 배색하며 가터뜨기로 84단을

뜬다. 남은 코를 쉼코로 둔다.

2 옆선을 돗바늘로 연결하고 그림과 같이 꼬아 준 다음 쉼코를

돗바늘로 가터 잇기를 한다.

1 스펀지얀 연녹색으로 코바늘 7/0호를 사용하여 새우뜨기로

56cm를 뜬다. 나머지 두 색상도 같은 방법으로 뜬다.

2 그림과 같이 꼬아 준 다음 끝 부분을 돗바늘로 꿰매어 연결한다.

재료와 도구

실 ❶ 스펀지얀 하늘색 ·
진분홍색 조금씩
❷ 스펀지얀 연녹색 · 녹색 ·
연분홍색 조금씩

바늘 대바늘 6mm,
코바늘 7/0호, 돗바늘

완성치수

지름 10cm

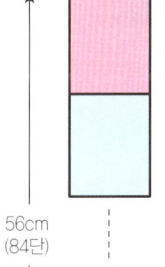

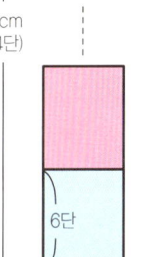

56cm
(84단)

6단

8cm(10코)

돗바늘을 사용하여
가터 잇기로 잇는다.

각 색상별로 새우뜨기로
56cm씩 떠서 위 수세미와
같은 방법으로 꼬아서
연결한다.

★ 〈새우뜨기〉법은 앞표지 참조.

for bathroom cleaning

part 2

반짝반짝

욕실용 뜨개 수세미

열대어, 개구리, 거북이, 오리, 불가사리, 비치볼….
언뜻 보기엔 아이의 손 인형처럼 생긴 이 물건들이 물때에 찌든
욕실을 미끄러지듯 반짝반짝하게 만들 주인공들이다.
바로 '욕실용 수세미'. 장식품처럼 수건걸이에, 욕실장에,
세면대 위에 놓아 두고 수시로 사용한다. 아크릴사 스펀지양
수세미는 물이 닿으면 힘이 생겨 힘주어 닦지 않아도
도자기, 타일, 유리, 거울 등의 찌든 때와 곰팡이를 부드럽게
제거한다. '수퍼 매직 수세미'를 만나 보자.

사용한 뜨기부호

+ 짧은뜨기

01
개 구 리 미 니 닦 이

짧은뜨기로 단단하게 뜬 수세미.
물이 잘 빠지므로 세면대 비누받침으로
사용하면 비누가 물에 붇지 않는다.
수세미에 묻은 비눗물은 그대로 세면대
청소할 때 활용한다.

1 진녹색 스펀지얀으로 7/0호 코바늘을 이용해 원형코를
만든 후 도안대로 개구리 모티브의 머리 부분을 15단 뜬다.

2 원형코를 만들어 귀 부분도 도안과 같이 2장을 뜬다.

3 머리 부분에 귀 모양을 돗바늘로 꿰매어 달아 완성한다.

코 부분은 스티치한다. 눈을 달아 완성한다.

재료와 도구

실 스펀지얀 진녹색 30g
바늘 코바늘 7/0호, 돗바늘
기타 인형 눈 1쌍

완성치수

가로 11cm, 세로 13cm

✳ **몸통 뜨기**

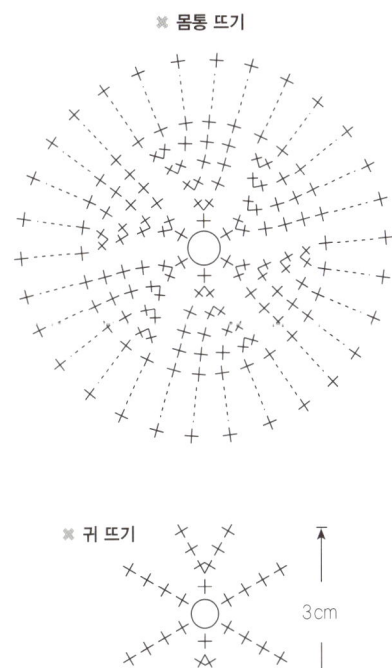

✳ **귀 뜨기**

3cm

돗바늘로 스티치한다.

10cm

22cm

욕실에서 사용해요~

02
불가사리 겹수세미

가터뜨기로 완성한 불가사리
두 마리를 연결해 만든 겹수세미.
욕실 타일 사이사이에 낀
물때나 곰팡이를 닦아내는 데 쓴다.
세제를 조금만 사용해도 잘 닦인다.

사용한 뜨기부호

○ 사슬뜨기
● 빼뜨기
∏ 가터뜨기
人 중심3코 모아뜨기

1 빨간색 스펀지얀으로 7mm 대바늘을 이용해 11코를
잡아 도안과 같이 가터뜨기로 14단을 뜬다.

2 같은 방법으로 4조각을 더 만들어 5조각을 그림처럼 놓고
도안처럼 같은 무늬끼리 연결하여 작은 불가사리를 완성한다.

3 ①~②와 같은 방법으로 주황색 스펀지얀으로 13코를 잡아
18단을 떠 큰 불가사리를 만든다.

4 두 불가사리 모티브를 포개어 놓고 가운데 부분을 꿰맨 후
고리를 만들어 달아 준다.

재료와 도구

실 스펀지얀 빨간색·주황색
　　조금씩
바늘 대바늘 7mm, 코바늘 7/0호,
　　　돗바늘

완성치수

가로 18cm, 세로 18cm

※ 큰 불가사리 한쪽 발 뜨기

9cm
(18단)

6cm(13코)

□=□

※ 작은 불가사리 한쪽 발 뜨기

6cm
(14단)

5cm(11코)

□=□

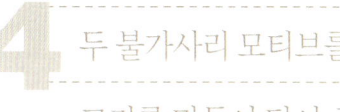

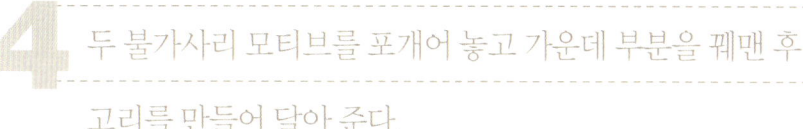

14cm(30코)

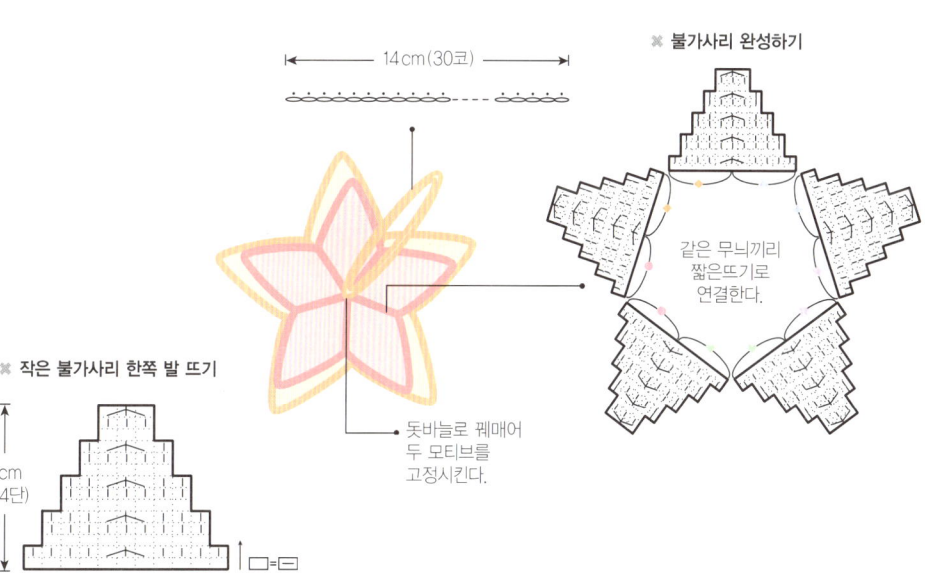

※ 불가사리 완성하기

같은 무늬끼리
짧은뜨기로
연결한다.

돗바늘로 꿰매어
두 모티브를
고정시킨다.

03

문어볼 수세미

스펀지를 넣어 입체적으로 만들어 손에 쥐고
청소하기 좋은 캐릭터 수세미볼이다.
세면대, 변기, 욕조 등 도자기 재질을
흠집 없이 반짝반짝하게 닦아 준다.

욕실에서 사용해요~

사용한 뜨기부호

○ 사슬뜨기
+ 짧은뜨기
● 빼뜨기
🕸 피코뜨기

1 주황색 스펀지얀으로 7/0호 코바늘을 이용해 도안대로,

머리, 코, 밑판 부분을 완성한다.

2 머리 부분에 스펀지를 채운 후 돗바늘로 코와 밑판을 연결한다.

3 연결해 놓은 밑판 부분에 새 실을 걸어 다리 부분을 뜬 후,

사슬뜨기로 만든 고리를 달아 준다. 눈을 달아 완성한다.

재료와 도구

실 스펀지얀 주황색 50g
바늘 코바늘 7/0호, 돗바늘
기타 스펀지 조금, 인형 눈 1쌍

완성치수

가로 22cm, 세로 15cm

✖ 머리 뜨기

안에 스펀지를 채우고 밑판을
덮고 돗바늘로 감침질한다.

돗바늘로 감침질한다.

✖ 끈 뜨기

8cm(17코)

✖ 코 뜨기

5cm

✖ 밑판 뜨기

6cm

✖ 다리 뜨기

13코

10코

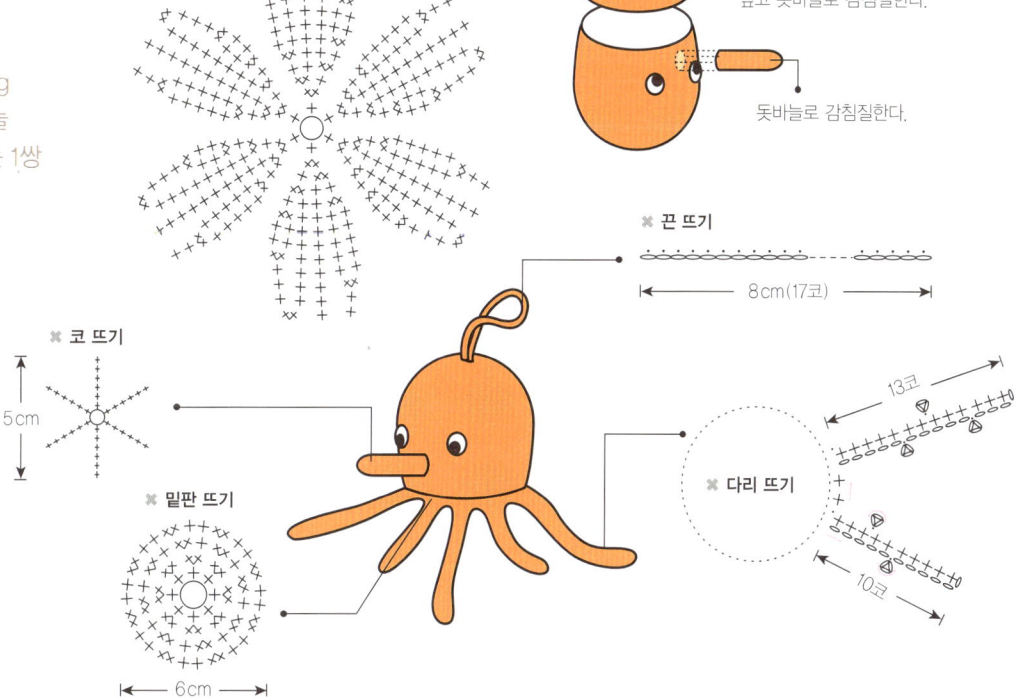

04
무지개 물고기 수세미

컬러풀한 캐릭터 수세미로 욕실수납장에
넣어 두고, 수시로 각종 욕실용구를 닦아 준다.
물때는 물론 곰팡이 제거 효과도 있어
쾌적한 욕실을 만들 수 있다.

사용한 뜨기부호

◯ 사슬뜨기
✚ 짧은뜨기
𝖳 한길긴뜨기
⊤⊤ 가터뜨기

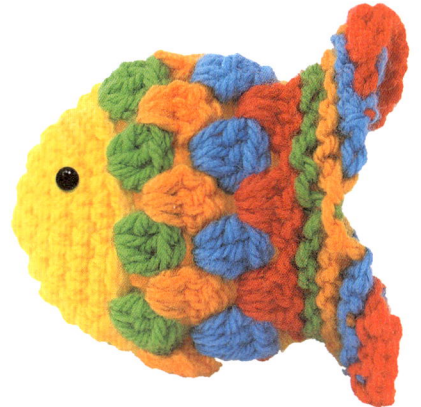

1 진노란색 스펀지얀으로 7/0호 코바늘을 이용해

원형으로 뜨기 시작하여 뒤쪽 1/2부분만 도안과 같이 계속 뜬다.

2 나머지 앞쪽의 1/2 무지개 비늘 부분은 새 실을 걸어 단마다

색을 바꿔 가며 4단을 뜬다.

3 꼬리 부분은 초록색으로 7mm 대바늘을 이용해 32코를 잡고

가터뜨기로 2단마다 배색하여 뜨고 도안대로 줄여 코막음한다.

재료와 도구

실 스펀지얀 진노란색 · 초록색 ·
주황색 · 빨간색 조금씩

바늘 대바늘 7mm,
코바늘 7/0호

완성치수

가로 13cm, 세로 12cm

✳ 몸통 뜨기

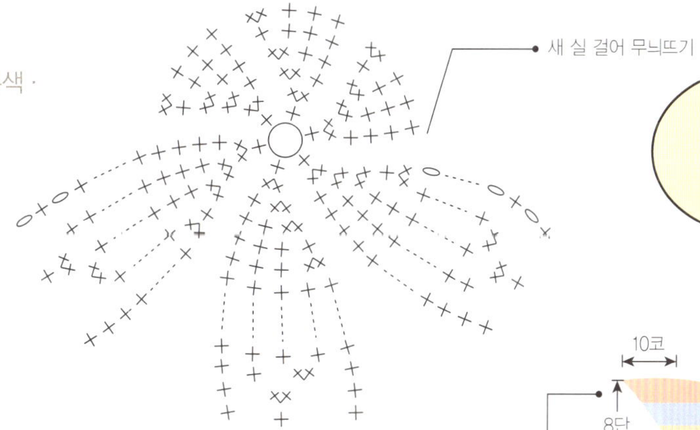

• 새 실 걸어 무늬뜨기

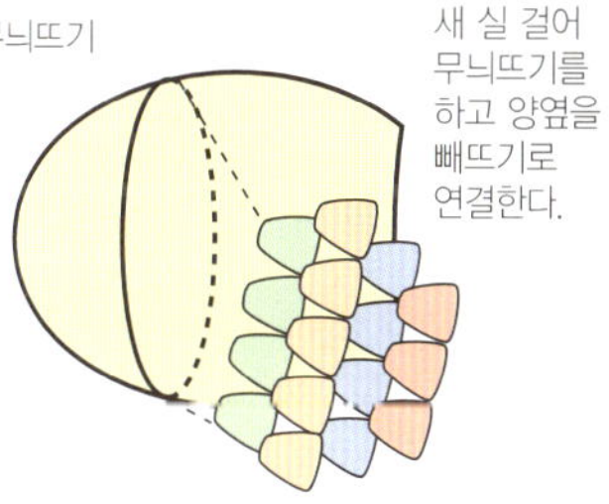

새 실 걸어
무늬뜨기를
하고 양옆을
빼뜨기로
연결한다.

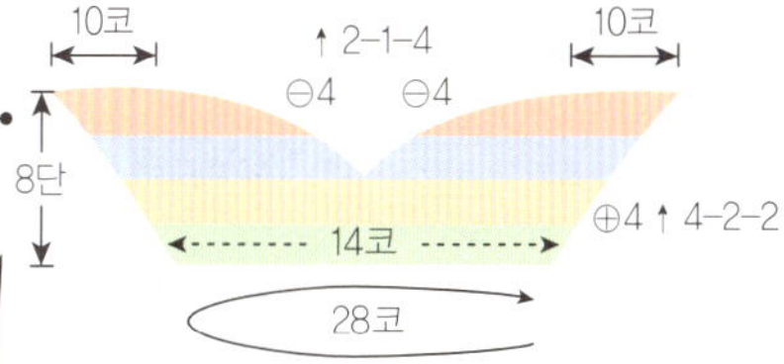

✳ 비늘 무늬 뜨기

새 실 걸어 뜨기 •

새 실 걸어 뜨기 •

• 새 실
걸어 뜨기

• 새 실
걸어 뜨기

10코   ↑ 2-1-4   10코
⊖4   ⊖4

8단   ┄┄┄ 14코 ┄┄┄   ⊕4 ↑ 4-2-2

28코

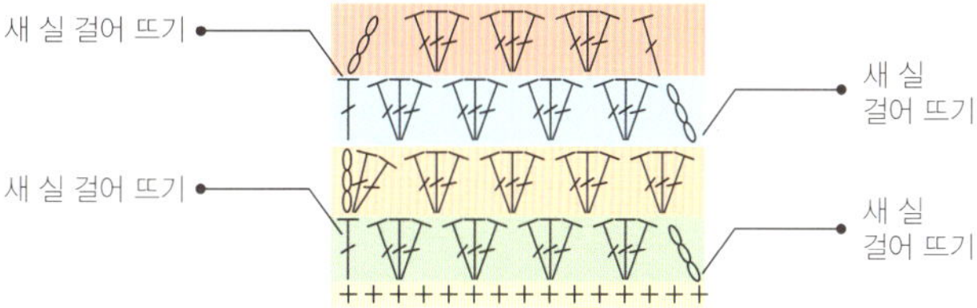

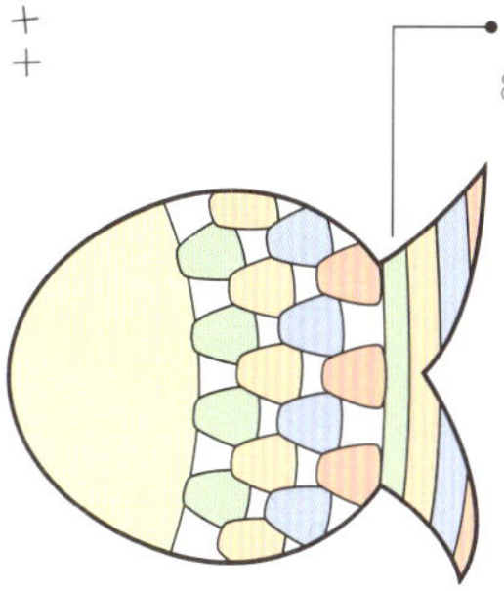

욕실에서 사용해요~

컬러 비치볼 수세미

Q5

욕실 장식품으로 사용해도 좋을 수세미볼.
비닐 백이나 수도꼭지 등에 걸어 두고
욕실용품을 닦는 데 활용한다.
아이의 물놀이 장난감으로도 좋다.

사용한 뜨기부호

○ 사슬뜨기
+ 짧은뜨기
● 빼뜨기

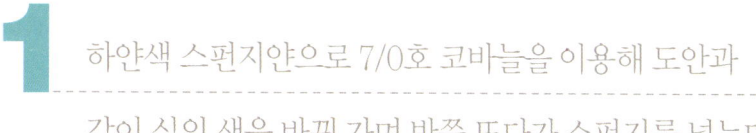
1 하얀색 스펀지얀으로 7/0호 코바늘을 이용해 도안과

2 같이 실의 색을 바꿔 가며 반쯤 뜨다가 스펀지를 넣는다.

도안대로 코를 줄여 가며 마무리한 후 고리를 떠서 달아 준다.

재료와 도구

실 스펀지얀 흰색 · 주황색 ·
노란색 · 파란색 · 빨간색 ·
하늘색 조금씩

바늘 코바늘 7/0호, 돗바늘

기타 스펀지

완성치수

가로 10cm, 세로 10cm

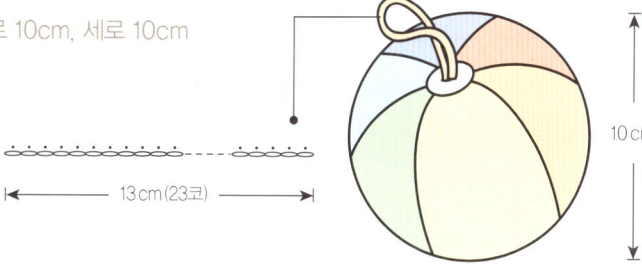

13 cm(23코)

10 cm

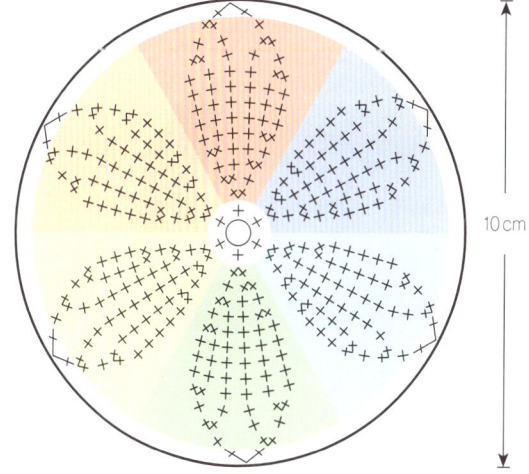

10 cm

욕실에서 사용해요~

06
거북이 욕실장갑

짧은뜨기만으로 완성한 귀여운 거북이
모양의 수세미. 얼굴, 발, 밑판 등은 돗바늘로
달아 준다. 욕실 이미지를 결정하는
수도꼭지나 샤워기를 청소하기에 좋다.

사용한 뜨기부호

╋ 짧은뜨기
╋ 되돌아짧은뜨기

1 코바늘 7/0호를 이용해 초록색 스펀지얀으로는 등 부분을,

노란색 스펀지얀으로는 배, 얼굴, 발 부분을 도안과 같이 뜬다.

2 떠 놓은 등과 배 부분은 그림과 같이 손이 들어갈 공간을 남겨

두고 마지막 단에서 돗바늘로 감침질하여 연결한다.

3 얼굴, 발은 돗바늘로 꿰매어 연결한 후 코 부분은 검정색 실로

스티치하고, 눈 부분은 검정색 비즈를 달아 준다.

재료와 도구

실 스펀지얀 초록색 20g,
노란색 20g
바늘 코바늘 7/0호, 돗바늘
기타 인형 눈 1쌍,
코 표현용 수실 조금

완성치수

가로 13cm, 세로 15cm

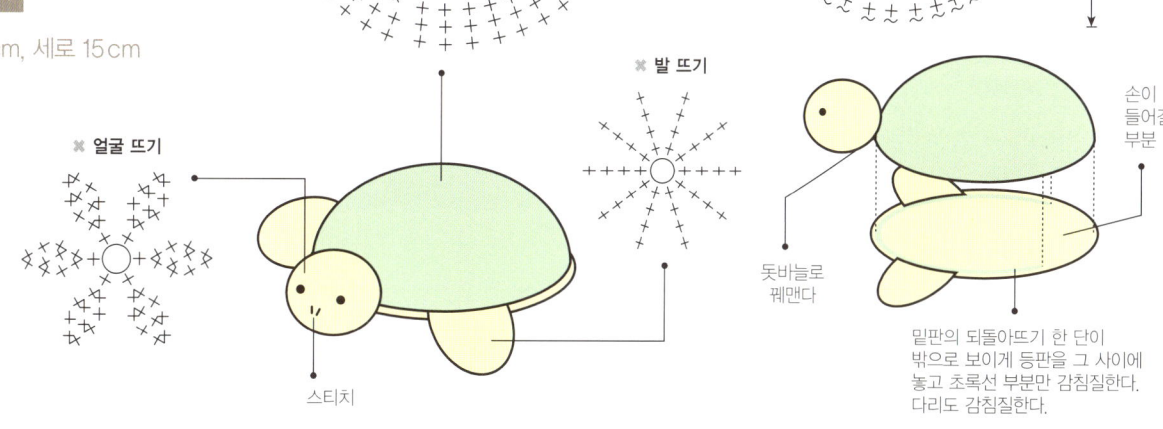

✕ 등 뜨기

✕ 배 뜨기

13cm

✕ 얼굴 뜨기

✕ 발 뜨기

스티치

돗바늘로
꿰맨다

손이
들어갈
부분

밑판의 되돌아뜨기 한 단이
밖으로 보이게 등판을 그 사이에
놓고 초록선 부분만 감침질한다.
다리도 감침질한다.

욕실에서 사용해요~

초록물고기 욕실장갑

사용한 뜨기부호

- ○ 사슬뜨기
- ╋ 짧은뜨기
- ╤ 한길긴뜨기
- ● 빼뜨기

욕실에서 다목적으로 사용할 수 있도록
큰 사이즈로 고안된 제품.
장갑 형태로 되어 있어 사용이 더욱 편리하다.
샤워부스 유리에 생긴 얼룩이나
물기를 제거하기에도 편하다.

1 연녹색과 녹색 스펀지얀으로 코바늘 7/0호를 이용해 도안과 같이 배색하며 13단을 뜬다.

2 14단은 엄지손가락을 넣는 공간을 남기고 뜨고, 되돌아짧은뜨기로 마무리한다.

3 눈 부분은 스티치로 장식하고 사슬뜨기로 고리를 만들어 달아 준다.

재료와 도구

실   스펀지얀 연녹색 30g,
     녹색 조금
바늘 코바늘 7/0호, 돗바늘

완성치수

가로 18cm, 세로 14cm

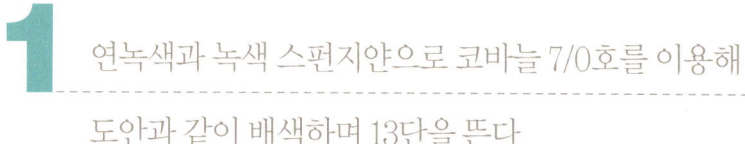

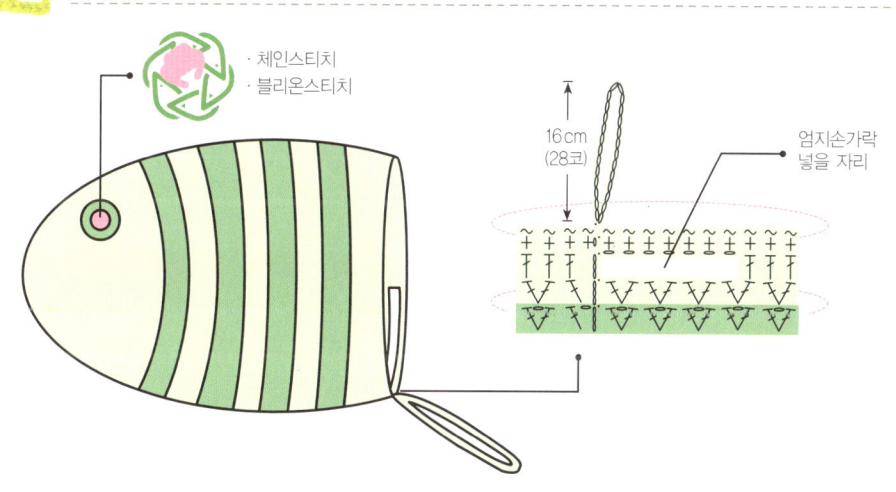

· 체인스티치
· 블리온스티치

16cm
(28코)

엄지손가락
넣을 자리

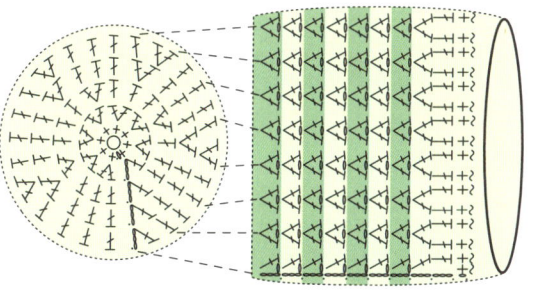

욕실에서 사용해요~

08

아기 오리 수세미

귀여운 오리 모양의 욕실용 수세미.
크기 또한 앙증맞아 포인트 소품으로도 그만이다.
세면대 위에 두고, 쉽게 얼룩이 생기는
욕실 거울을 닦을 때 활용한다.

1 7/0호 코바늘을 이용해 흰색 스펀지얀으로 몸통 · 날개 · 꼬리를, 노란색 스펀지얀으로 부리를 각각 도안과 같이 뜬 후, 돗바늘로 감침질하여 연결한다.

2 튜브 모티브는 사슬 8코를 원형으로 잡아 2단씩 배색해 가며 40단을 뜬 후 양 끝을 연결하여 링 모양으로 만든다.

3 눈 부분에는 검정색 비즈 장식을 달고, 사슬뜨기로 끈을 떠서 달아 준다.

재료와 도구

실 스펀지얀 흰색 30g,
노란색 · 연분홍색 ·
진분홍색 조금씩
바늘 코바늘 7/0호, 돗바늘
기타 검정색 비즈

완성치수

가로 16cm, 세로 13cm

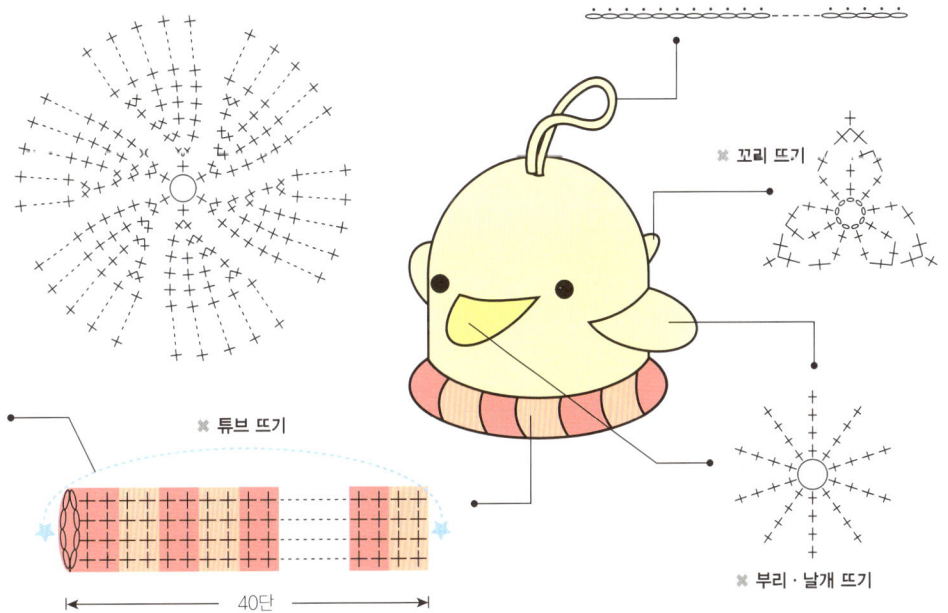

✕ 몸판 뜨기

12cm(23코)

✕ 꼬리 뜨기

돗바늘로
꿰매 준다.

✕ 튜브 뜨기

40단

✕ 부리 · 날개 뜨기

욕실에서 사용해요~

사용한 뜨기부호

○ 사슬뜨기
✛ 짧은뜨기
│ 메리야스뜨기

09

돌돌 막대 변기 솔

변기 안에 끼는 물때 제거용 솔.
길게 메리야스뜨기를 하여 재활용 막대에
돌돌 감아 간단하게 만들었다.
변기 안의 오래 묵은 때를
구석구석 닦아내기 편리하다.

1 파란색 스펀지얀으로 7mm대바늘을 이용해 90코를

잡고 메리야스 뜨기를 한다. 3번째 단은 코를 배로 늘려 180코로

만들어 가며 뜬다.

2 4번째 단은 증감 없이 뜨고 7/0호 코바늘로 바꿔 도안과 같이

무늬뜨기를 한다.

3 떠 놓은 모티브 양쪽으로 끈을 단 후, 한쪽 끈을 막대 안쪽에

놓은 뒤 막대에 모티브를 돌돌 감는다.

4 나머지 한쪽 끈은 돌돌 감은 모티브 사이로 빼내어 묶어 준다.

재료와 도구

실 스펀지얀 파란색 20g,
       하늘색 20g
바늘 대바늘 7mm, 코바늘 7/0호
기타 끝을 가른 막대

완성치수

길이 24cm, 지름 8cm

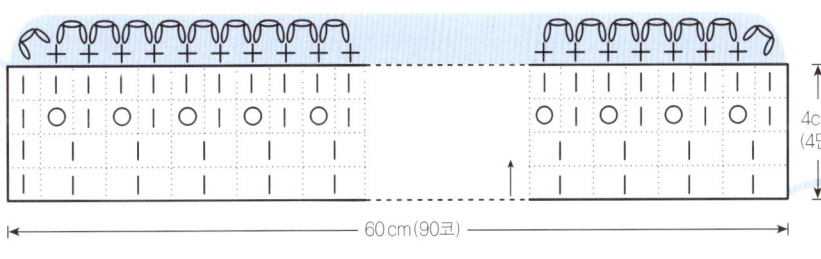

4cm
(4단)

60cm(90코)

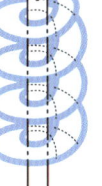

갈라진 막대
끝에 끈을 걸어
감아 준다.

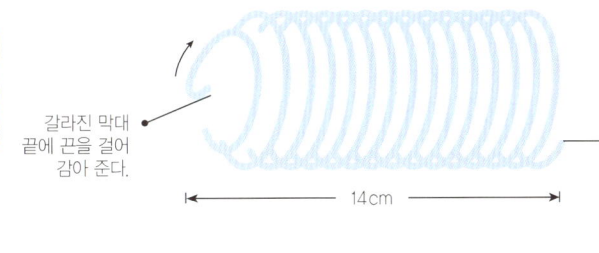

14cm

마지막 끈은 모티브 사이로
빼내 모티브가 막대에서
미끄러지지 않도록 단단히
묶어 준다.

욕실에서 사용해요~

사용한 뜨기부호

○ 사슬뜨기
╋ 짧은뜨기
丅 긴뜨기
丅 한길긴뜨기
● 빼뜨기

하 트 샤 워 타 월

스펀지얀은 물을 묻히면
힘이 생기는 성질이 있기 때문에
보디워시를 묻혀 가볍게 닦아 줘도
금세 개운함을 느낄 수 있다.

1 연분홍색과 진분홍색 스펀지얀으로 코바늘 7/0호를 이용해

도안과 같이 하트 모티브를 각각 5장씩 뜬다.

2 연한 색과 진한 색 하트 무늬 모티브를 포개어 놓은 뒤

가장자리를 바늘땀이 보이지 않게 돗바늘로 꿰맨다.

3 그림과 같이 하트무늬 모티브를 배열하여 돗바늘로 꿰매어

연결한 후, 양 끝에 만들어 놓은 장식고리 끈을 달아 준다.

재료와 도구

실 스펀지얀 진분홍색 30g,
　　연분홍색 30g
바늘 코바늘 7/0호
기타 장식고리(지름 2.5cm) 2개

완성치수

가로 9cm, 세로 65cm

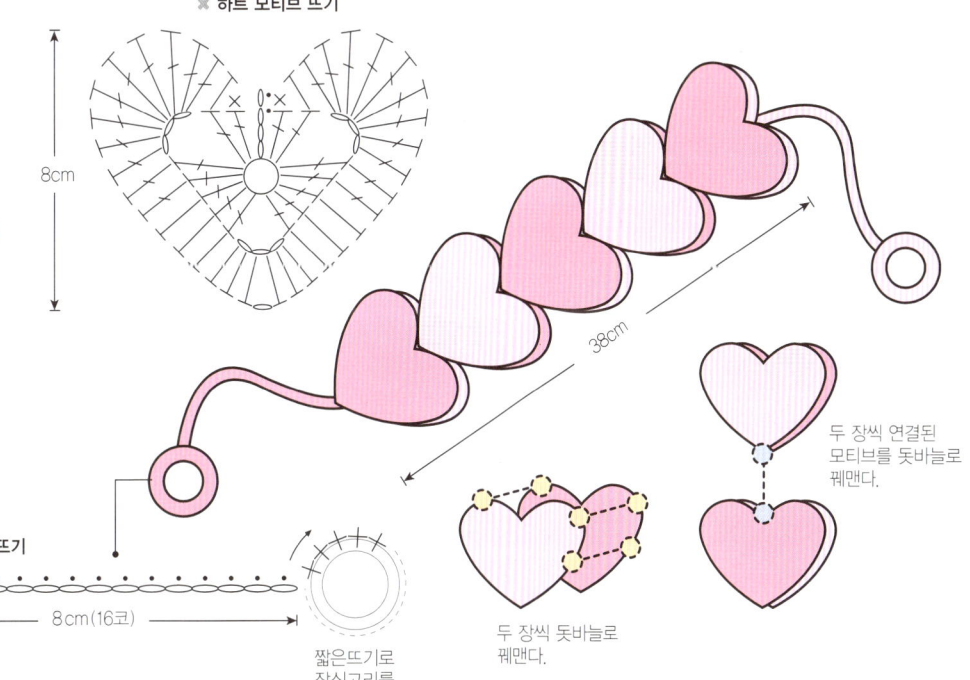

※ **하트 모티브 뜨기**

8cm

38cm

두 장씩 연결된
모티브를 돗바늘로
꿰맨다.

두 장씩 돗바늘로
꿰맨다.

※ **장식고리 끈 뜨기**

8cm(16코)

짧은뜨기로
장식고리를
촘촘하게 감싼다.

사용한 뜨기부호

○ 사슬뜨기
● 빼뜨기
TT 가터뜨기

11

꽈배기 샤워타월

가터뜨기만으로 쉽게 떠 볼 수
있는 아이템. 사슬뜨기로
양쪽에 끈을 달아 등을 닦기도
편리하다. 가터뜨기로 원통
두 개를 떠서 돗바늘로 이어 준다.

1 노란색 스펀지얀으로 7mm 대바늘을 이용해 30코를

잡아 2단마다 흰색으로 배색해 가며 가터뜨기로 32단을 뜬 후

코막음한다. 주황색 스펀지얀으로도 1장을 뜬다.

2 각각 첫단과 끝단을 돗바늘로 연결해 원통 2개를 만든다.

3 그 중 한 원통을 한 번 꼬아 다른 원통 위에 놓고 양 끝을

돗바늘로 꿰맨 후 포개지는 가운데 부분을 여러 곳 꿰매 준다.

4 사슬뜨기로 노란색과 주황색 고리를 만들어 달아 준다.

재료와 도구

실 스펀지얀 노란색 · 흰색 ·
주황색 각 20g

바늘 대바늘 7mm,
코바늘 7/0호, 돗바늘

완성치수

가로 9cm, 세로 55cm

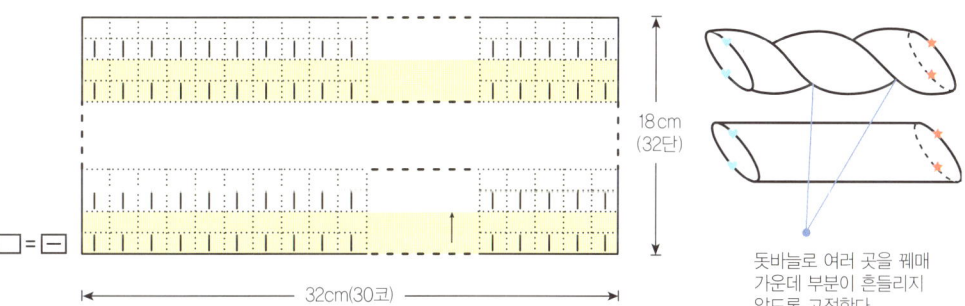

□ = ▬

|← 32cm(30코) →|

18cm
(32단)

돗바늘로 여러 곳을 꿰매
가운데 부분이 흔들리지
않도록 고정한다.

|← 36cm(40코) →|

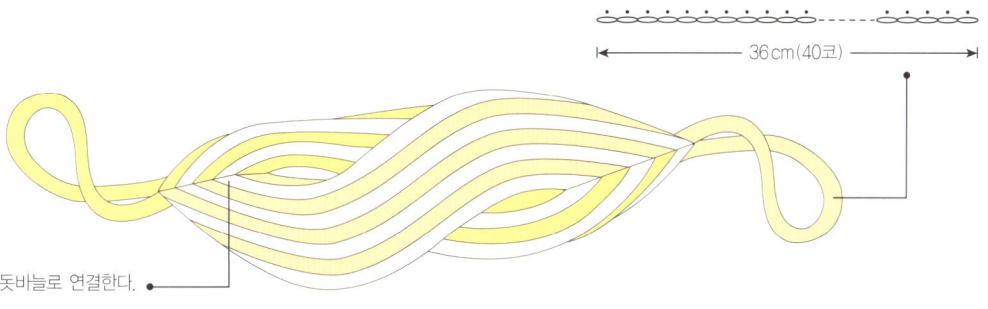

돗바늘로 연결한다.

욕실에서 사용해요~

12 별무리 샤워타월

모티브 여러 개를 연결하여
느슨한 그물 형태로 만들어
쉽게 마르고, 부드럽게
사용할 수 있다.
너무 세게 문지르면
피부가 상할 수 있으므로
주의한다.

사용한 뜨기부호

- ◯ 사슬뜨기
- ✛ 짧은뜨기
- ⊤ 긴뜨기
- ⊤ 한길긴뜨기
- ⊤ 세길긴뜨기
- ⬤ 빼뜨기

1 진파란색 스펀지얀으로 도안과 같이 첫 번째 별 모티브를 뜨고 두 번째 모티브는 하늘색으로 바꿔 첫 번째 모티브와 연결해 가며 뜬다.

2 세 번째 모티브도 ①의 방법과 같이 색상을 바꿔 가며 도안의 진행 방향대로 떠서 9장을 마무리한다. 실을 끊지 않고 진행하여 모티브 9장이 연결된 샤워타월을 완성한다.

재료와 도구

실 스펀지얀 진파란색 10g,
    하늘색 10g, 흰색 20g
바늘 코바늘 7/0호, 돗바늘

완성치수

가로 92cm, 세로 12cm

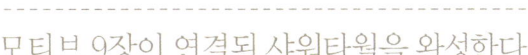

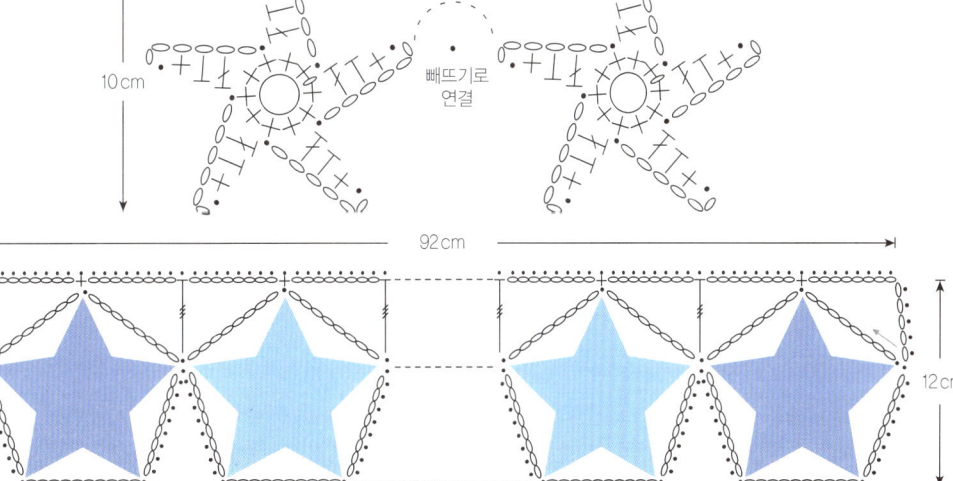

※ 별 모티브 뜨기

빼뜨기로
연결

10 cm

92 cm

12 cm

for living room cleaning

먼지쏙쏙

거실용 뜨개 수세미

손님을 맞이하거나 가족들의 대화 공간인 거실.

매일 닦아도 또 쌓이는 먼지 제거가 고민이다. 아크릴사

스펀지야으로 만든 청소용구는 정전기가 일지 않아 먼지를

밀고 다니지 않고 흡착시켜 닦아내는 특징이 있다.

마룻바닥, 장식장, 텔레비전 위, 소파 밑, 전등갓 등 용도에 따라

캐릭터와 디자인, 크기도 다양한 거실용 '핸드메이드 멀티

청소 용구'들. 이 순간, 청소용구의 고정관념이 깨진다.

거실에서 사용해요~

사용한 뜨기부호

◯ 사슬뜨기
✚ 짧은뜨기
丅 한길긴뜨기
⦊⦉⦊ 버블뜨기
丅 이랑뜨기
⬤ 빼뜨기

01
로맨틱핑크 먼지떨이

재활용 옷걸이를 활용해서 만든 먼지떨이.
손이 닿지 않는 액자 위, 천장 모서리
등을 청소할 때 요긴하다.
거실에 걸어 두면 집안 분위기를
로맨틱하게 만드는 효과도 있다.

1 연분홍색 스펀지얀으로 코바늘 7/0호를 사용하여

도안과 같이 짧은뜨기와 버블뜨기로 2단을 뜬 다음 색을 바꿔

가며 이랑뜨기로 뚜껑을 완성한다.

2 사슬 9코를 원형으로 만들어 짧은뜨기로 둘레뜨기를 한다.

진분홍색으로 7단, 연분홍색으로 1단, 다시 진분홍색으로 6단,

연분홍색으로 8단을 떠서 손잡이를 완성한다.

3 옷걸이에 그림과 같이 술과 뚜껑, 막대 부분을 만들고,

떠 놓은 손잡이를 옷걸이 끝 고리에 꿰어 삼각형 모양으로

만들어 고정시킨다.

재료와 도구

실   스펀지얀 진분홍색 90g,
      연분홍색 30g
바늘 코바늘 7/0호, 돗바늘
기타 재활용 옷걸이

완성치수

길이 64cm

❈ 뚜껑 뜨기

8cm
(9단)

❈ 손잡이 뜨기

20cm
(22단)

둘레뜨기

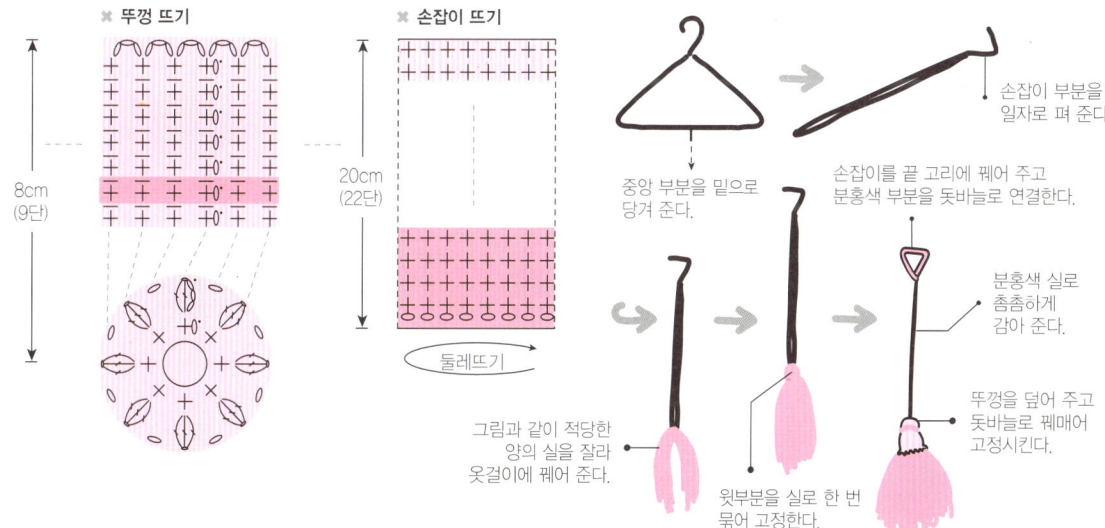

중앙 부분을 밑으로
당겨 준다.

손잡이 부분을
일자로 펴 준다.

그림과 같이 적당한
양의 실을 잘라
옷걸이에 꿰어 준다.

윗부분을 실로 한 번
묶어 고정한다.

손잡이를 끝 고리에 꿰어 주고
분홍색 부분을 돗바늘로 연결한다.

분홍색 실로
촘촘하게
감아 준다.

뚜껑을 덮어 주고
돗바늘로 꿰매어
고정시킨다.

거실에서 사용해요~

02

컬러풀 빗자루

먼지를 털거나 쓸어낼 때 사용한다.
짧은뜨기로 뚜껑을 만들어 깔끔하게 처리했다.
더러워지면 물에 깨끗하게 빨아
햇빛에 말린다.

사용한 뜨기부호

○ 사슬뜨기
十 짧은뜨기
千 되돌아짧은뜨기
千 이랑뜨기

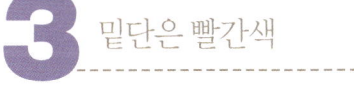

1 뚜껑은 도안과 같이 노란색 스펀지얀으로 사슬코를 잡아

색을 바꿔 가며 뜬 후 표시된 부분을 돗바늘로 꿰매어 연결한다.

2 전체 둘레는 빨간색 스펀지얀으로 되돌아짧은뜨기를 한다.

손잡이는 연분홍색 스펀지얀으로 사슬 6코를 원형으로 만들어

도안과 같이 뜨고 마지막 단은 코를 줄여 3코로 만든다.

3 밑단은 빨간색

스펀지얀으로 되돌아

짧은뜨기로 마무리한다.

4 그림과 같이 옷걸이에

술을 꿰고 뚜껑을 덮고

옷걸이 끝 부분에 떠 놓은

손잡이를 꿰어 준다.

재료와 도구

실 스펀지얀 빨간색 ·
연분홍색 · 주황색 ·
노란색 30g씩

바늘 코바늘 7/0호, 돗바늘

기타 새활용 옷걸이

완성치수

길이 43cm

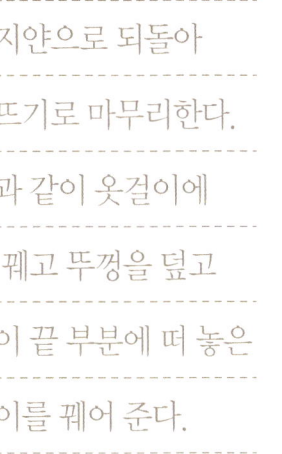

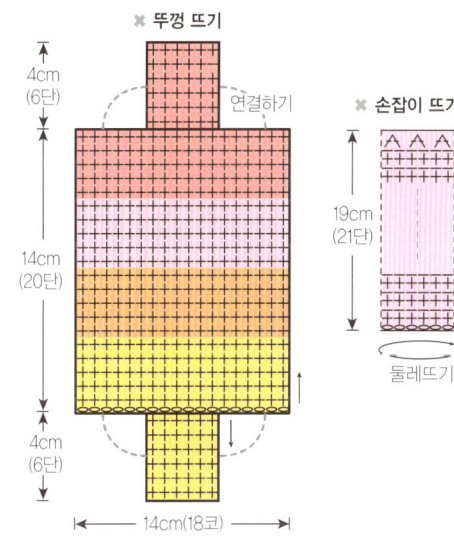

✻ **뚜껑 뜨기**

4cm (6단)
연결하기

14cm (20단)

4cm (6단)

14cm(18코)

✻ **손잡이 뜨기**

19cm (21단)

둘레뜨기

중앙 부분을
밑으로 당겨 준다.

여러 겹을
잘라
그림처럼
꿰어 준다.

적당한 양의
실을 꿰어
그림처럼 윗부분을
묶어 준다.

손잡이를
끝 고리에 꿴다.

마무리 뜨기

마무리 뜨기

사각뚜껑을 덮어 준 다음
꿰매어 고정시킨다.

거실에서 사용해요~

03

무지개 막대 클리너

청소기가 들어가지 않는 소파 밑,
침대 밑, 냉장고 위, 장롱 위, 책장 위 등의
먼지를 처리하는 데 사용한다.
2단의 작은 모티브를 재활용 옷걸이에
꿰어서 만들었다.

1 스펀지얀 각 색으로 코바늘 7/0호를 사용하여 꽃

모티브를 한 색당 6개씩 뜬다.

2 도안과 같이 파란색으로 앞 꼭지를 뜨고, 아이보리색으로

손잡이를 뜬다.

3 그림과 같이 옷걸이에 한 가지색 모티브를 5개씩 꿰어 준 다음

마지막에 각 색의 모티브 1개씩을 꿰어 주고 앞 꼭지를 덮어 준다.

4 남은 옷걸이 부분은 아이보리색 스펀지얀으로 촘촘하게 감아

주고 떠 놓은 손잡이도 옷걸이에 꿰어 준다.

재료와 도구

실 스펀지얀 파란색 · 하늘색 ·
녹색 · 연녹색 · 노란색 ·
주황색 · 연노란색 ·
진분홍색 · 연분홍색 ·
아이보리색 등 조금씩
바늘 코바늘 7/0호, 돗바늘
기타 새활용 옷걸이

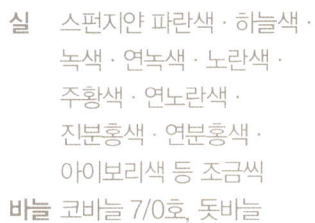

완성치수

길이 54cm

※ 꽃 모티브 뜨기

← 6cm →

※ 앞꼭지 뜨기

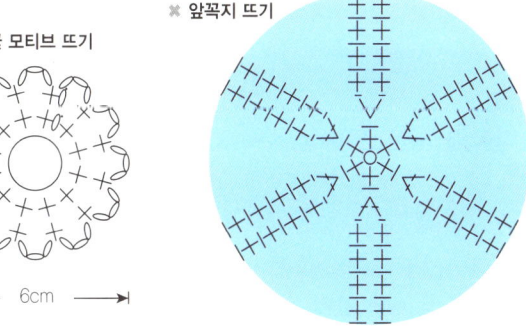

※ 손잡이 뜨기

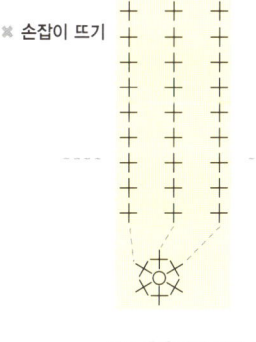

중앙 부분을 밑으로
당겨 준다.

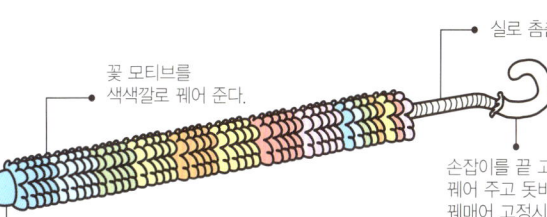

실로 촘촘하게 감아 준다.

꽃 모티브를
색색깔로 꿰어 준다.

꼭지를 덮어 준 다음
돗바늘로 꿰매어 고정시킨다.

손잡이를 끝 고리에
꿰어 주고 돗바늘로
꿰매어 고정시킨다.

거실에서 사용해요~

사용한 뜨기부호

○ 사슬뜨기
十 짧은뜨기
Ŧ 한길긴뜨기

04
초록 먼지닦이

한길긴뜨기 1단에 사슬뜨기 고리를
여러 개 꿰어 만든 독특한 먼지닦이.
집 안에 손이 닿지 않는 곳은 물론,
차량 청소용으로도 활용할 수 있다.

1 녹색 스펀지얀으로 사슬코 45코를 잡아 도안과 같이 뜬다.

2 옷걸이의 가운데 부분을 잡아당겨 일자 모양으로 편 다음 그림과 같이 한길긴뜨기 부분에 꿰어 넣어 준다.

3 녹색, 연녹색, 흐린 연두색 등을 도안의 한길긴뜨기 부분에 엇갈려 사슬뜨기 고리를 만들어 준다. 막대 사이로 돗바늘을 통과시켜 한 번 더 단단하게 모티브를 고정시킨다.

재료와 도구

실 스펀지얀 녹색 · 연녹색 · 흐린 연두색 조금씩

바늘 코바늘 7/0호, 돗바늘

기타 재활용 옷걸이

완성치수

지름 10 cm, 길이 30 cm

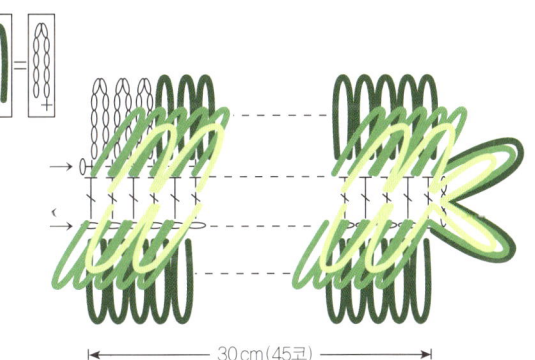

|← 30 cm (45코) →|

거실에서 사용해요~

05

피아노 유리 닦이

링뜨기로 한 면에 술을 만들어
먼지를 닦아내기 좋다. 한 면은 물걸레처럼,
한 면은 먼지닦이로 사용한다.
피아노나 거실 유리 등을 흠집 없이
청소할 수 있다.

사용한 뜨기부호

- ◯ 사슬뜨기
- ＋ 짧은뜨기
- 出 링뜨기
- 夲 되돌아짧은뜨기
- ● 빼뜨기

1 연노란색과 파란색으로 배색해 가며 7/0호 코바늘을 이용하여 피아노 모양의 앞판 무늬뜨기를 한다.

2 피아노 흰색 건반선은 파란색 스펀지얀을 안쪽에 놓고 빼뜨기 한다.

3 연노란색 스펀지얀으로 뒤판 무늬뜨기를 뜨고 앞판과 뒤판을 서로 맞대어 놓고 되돌아짧은뜨기로 연결한다. 사슬뜨기 20코로 고리를 떠서 완성한다.

재료와 도구

실 스펀지얀 연노란색 50g, 파란색 조금

바늘 코바늘 7/0호

완성치수

가로 16cm, 세로 20cm

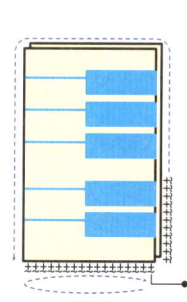

손을 넣는 부분은 되돌아짧은뜨기로 둘레뜨기를 해 준다.

※ 위판 뜨기

흰색 건반선을 빼뜨기한다.

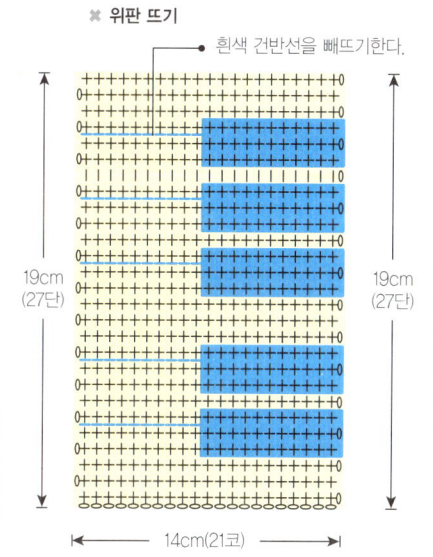

19cm (27단)

14cm(21코)

※ 밑판 뜨기

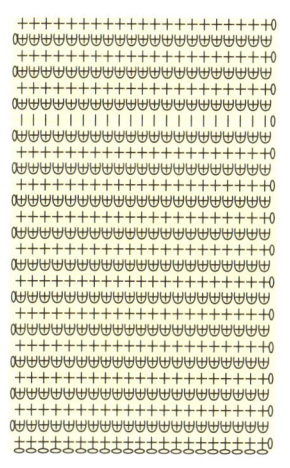

19cm (27단)

14cm(21코)

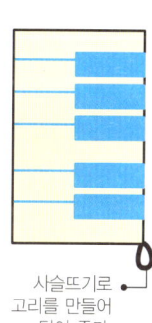

사슬뜨기로 고리를 만들어 달아 준다.

거실에서 사용해요~

06

고양이 바닥밀대

무릎을 꿇지 않고 마룻바닥
먼지를 닦아낼 수 있는
캐릭터 청소도구.
밑판의 술은 사슬뜨기로
만들었다. 밀대는 마트의
청소용품 코너나 철물점에서
구입할 수 있다.

사용한 뜨기부호

○ 사슬뜨기
＋ 짧은뜨기
╤ 한길긴뜨기

1 진파란색 스펀지얀으로 도안대로 밑판을 뜨고 밑판

바닥은 사슬뜨기로 술을 달아 준다.

2 도안과 같이 위판 2장, 고양이 얼굴, 발 4개, 꼬리 부분을 뜬다.

3 그림과 같이 밑판과 위판을 잇고 고양이 얼굴, 발, 꼬리 등도

돗바늘로 꿰맨다.

재료와 도구

실 스펀지얀 진파란색 90g,
파란색 · 연하늘색 조금씩

바늘 코바늘 7/0호

기타 인형 눈 1쌍

완성치수

가로 48cm, 세로 13cm

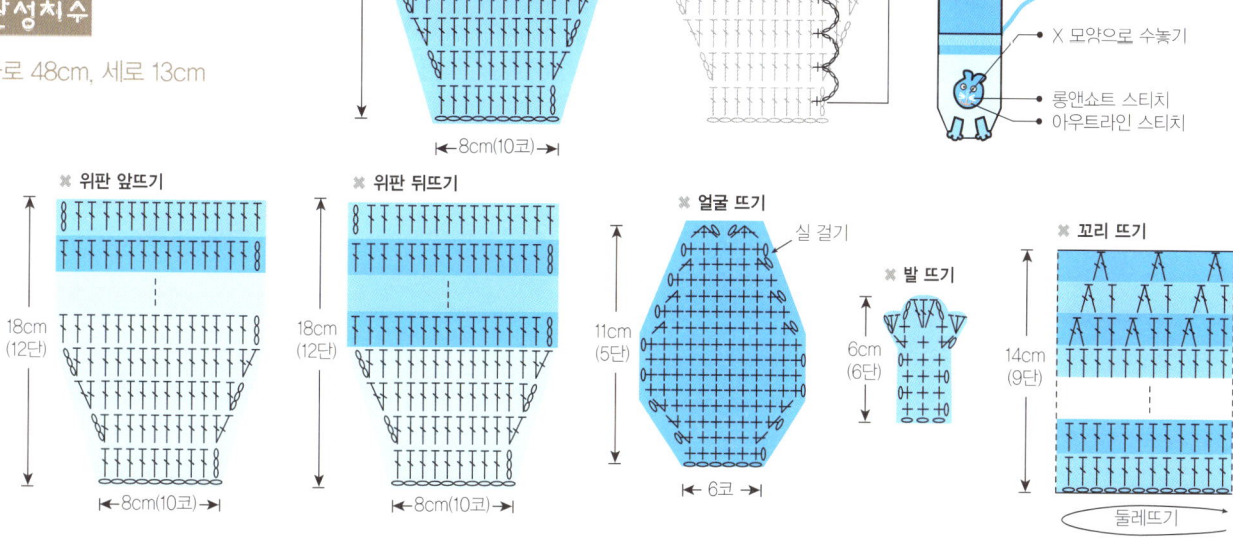

✳ 밑판 뜨기

48cm
(30단)

21단

8cm(10코)

밑판 바닥에
매 단마다
짧은뜨기하고
사슬 6개를
떠 준다.

트임 부분

전체 둘레에 짧은뜨기를
한다. 양쪽 끝은 두 겹을
한꺼번에 뜬다.

✳ 끈 뜨기

25cm(40코)

X 모양으로 수놓기

롱앤쇼트 스티치
아웃트라인 스티치

✳ 위판 앞뜨기

18cm
(12단)

8cm(10코)

✳ 위판 뒤뜨기

18cm
(12단)

8cm(10코)

✳ 얼굴 뜨기

실 걸기

11cm
(5단)

6코

✳ 발 뜨기

6cm
(6단)

✳ 꼬리 뜨기

14cm
(9단)

둘레뜨기

거실에서 사용해요~

07

캐릭터바닥닦이슬리퍼

따로 시간을 내지 않고 넓은 마룻바닥을
깔끔하게 청소할 수 있는 요술 슬리퍼.
일반 실내슬리퍼처럼 신고 다니면서
바닥을 닦아 주면 된다.
현관 입구에 비치해 두고 사용한다.

무당벌레슬리퍼

1 빨간색 스펀지얀으로 사슬 18코를 잡아 도안과 같이 밑판을 1장 뜨고, 도안의 짧은뜨기를 링뜨기로 바꿔 밑판을 1장 더 뜬다.

2 노란색 스펀지얀으로 사슬 6코를 잡아 도안과 같이 위판을 뜬다.

3 그림과 같이 링뜨기한 밑판을 제일 밑에 두고 그 위에 짧은뜨기한 밑판, 위판을 놓고 짧은뜨기로 전체 둘레를 연결하면서 떠 준다.

4 더듬이는 사슬 17코를 뜬 다음 사슬 사이로 실을 꿰어 살짝 잡아당겨 묶어 위판에 꿰매고, 각종 장식을 해 준다.

5 다른 한쪽도 같은 방법으로 떠 준다.

재료와 도구

실 스펀지얀 빨간색 120g, 노란색 30g, 진파란색 조금

바늘 코바늘 7/0호, 돗바늘

기타 인형 눈 2쌍

사용한 뜨기부호

○ 사슬뜨기
+ 짧은뜨기
⊞ 링뜨기
⊥ 되돌아짧은뜨기

완성치수

폭 12cm, 길이 24cm

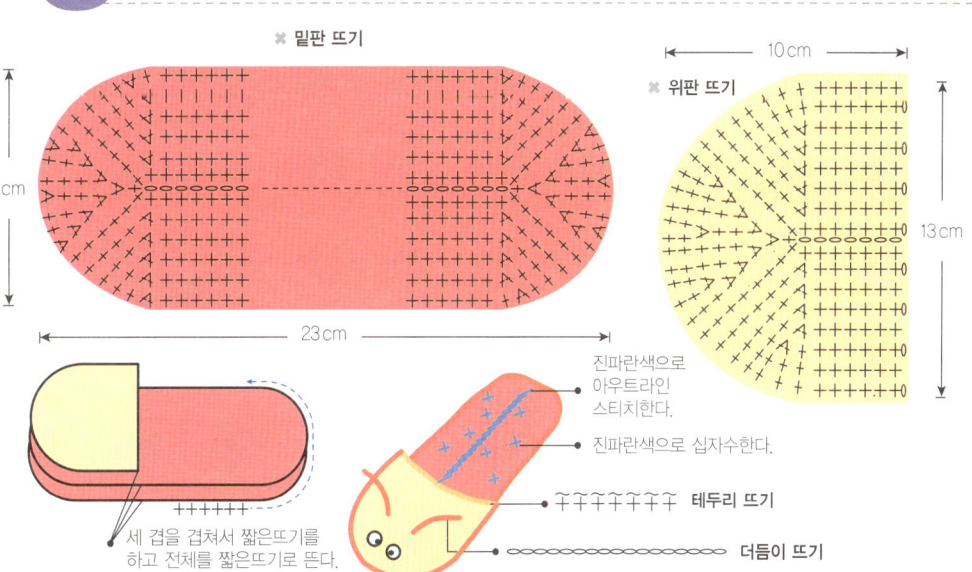

※ 밑판 뜨기
9cm
23cm

※ 위판 뜨기
10cm
13cm

세 겹을 겹쳐서 짧은뜨기를 하고 전체를 짧은뜨기로 뜬다.

진파란색으로 아우트라인 스티치한다.

진파란색으로 십자수한다.

⊥⊥⊥⊥⊥⊥⊥ 테두리 뜨기

○○○○○○○ 더듬이 뜨기

강아지슬리퍼

1 연하늘색 스펀지얀으로 도안과 같이 배색해 가며 밑판과 위판을, 아이보리색으로 강아지의 얼굴·입·귀 등을, 파란색으로 코를 뜬다.

2 밑판과 위판을 연하늘색 스펀지얀으로 되돌아짧은뜨기로 연결하면서 발바닥 전체에 테두리뜨기를 해 준다.

3 강아지 얼굴에 솜을 넣어 위판에 꿰매어 달고 강아지 입, 코, 귀도 달아 준다. 다른 한 쪽도 대칭이 되게 떠 준다.

재료와 도구

실 스펀지얀 연하늘색 120g,
　　 아이보리색 60g,
　　 파란색 조금
바늘 코바늘 7/0호, 돗바늘
기타 인형 눈 2쌍, 솜 조금

사용한 뜨기부호

◯ 사슬뜨기
✚ 짧은뜨기
￦ 되돌아짧은뜨기
⊎ 링뜨기

완성치수

폭 12cm, 길이 27cm

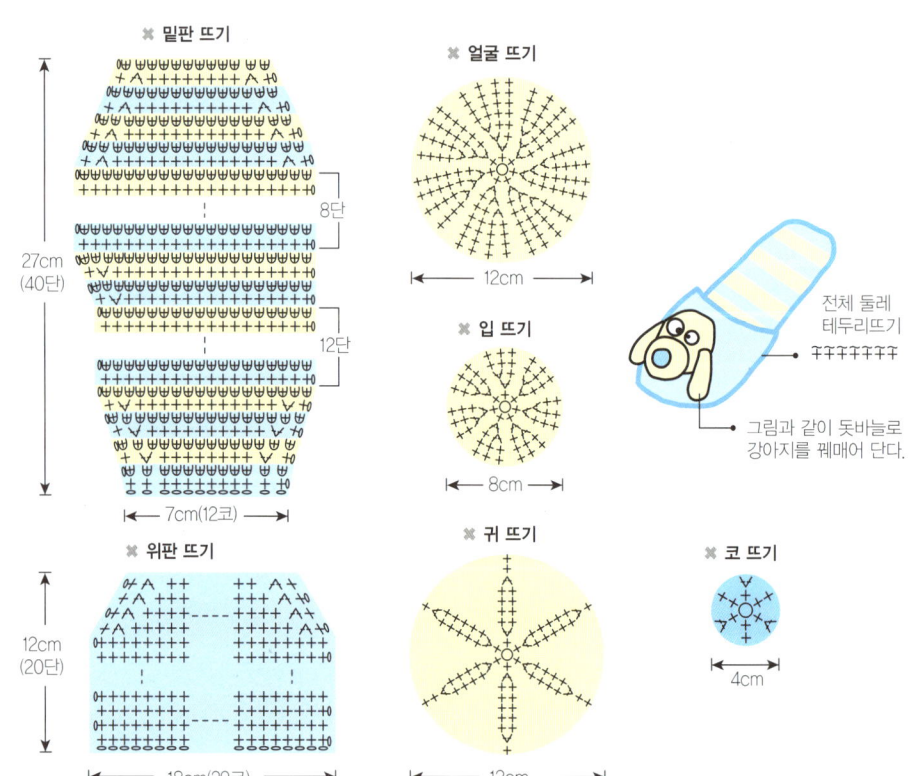

✱ 밑판 뜨기

8단

12단

27cm
(40단)

7cm(12코)

✱ 위판 뜨기

12cm
(20단)

18cm(29코)

✱ 얼굴 뜨기

12cm

✱ 입 뜨기

8cm

✱ 귀 뜨기

12cm

✱ 코 뜨기

4cm

전체 둘레
테두리뜨기

그림과 같이 돗바늘로
강아지를 꿰매어 단다.

앞트임슬리퍼

1 주황색 스펀지얀으로 코바늘 7/0호를 사용하여 배색해
가며 도안과 같이 뜨고 초록색 실로 전체에 테두리뜨기를 한다.

2 표시된 부분에서 초록색 실로 짧은뜨기 14코를 떠서 무늬뜨기로
10단을 뜬 후 전체 둘레에 되돌아짧은뜨기를 해 준다.

3 슬리퍼 앞 부분의 표시된 부분을 점선 부분에 겹쳐서 돗바늘로
꿰매어 준다.

4 같은 방법으로 다른 한 쪽을 대칭이 되게 뜬다.

재료와 도구

실   스펀지얀 초록색 60g,
      주황색 30g
바늘 코바늘 7/0호, 돗바늘

사용한 뜨기부호

○   사슬뜨기
十   짧은뜨기
凷   링뜨기
ち   짧은뜨기 걸어뜨기
ち   한길긴뜨기 걸어뜨기
升   되돌아짧은뜨기

완성치수

폭 13cm, 길이 25cm

✷ **앞판 뜨기**

9cm
(10단)

16cm
(16단)

16cm
(16단)

16cm
(16단)

9cm
(10단)

테두리 뜨기

겹쳐서 꿰매어 준다.

14코 잡이 무늬뜨기

8cm
(14코)

14cm

11cm(10단)

테두리 뜨기

같은 무늬를 점선
부분에 맞추어
돗바늘로
꿰매어 준다.

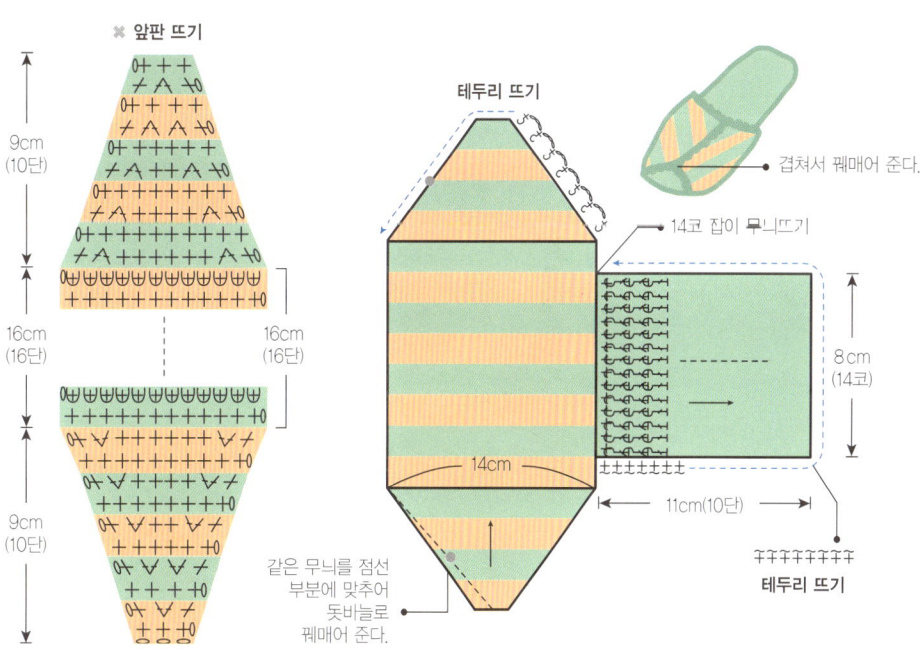

08
고슴도치 미니 닦이

텔레비전이나 거실장 위에 인형처럼 장식해
두고 수시로 보이는 먼지를 닦아내는 데
활용한다. 작은 전등갓 등을 돌려 가면서
닦을 때도 편리하다.

거실에서 사용해요~

사용한 뜨기부호

◯ 사슬뜨기
✛ 짧은뜨기
⊬ 링뜨기

1 진분홍색 스펀지얀으로 도안과 같이 코를 늘려 가며

5단을 뜬다.

2 진노란색으로 바꾸어 코를 배로 늘리며 링뜨기로 2단을 뜨고

코 수에 변화 없이 10단을 뜬 다음 스펀지를 넣어 속을 채운다.

3 도안과 같이 코를 줄이며 8단을 떠 완성한다.

4 노란색 스펀지얀으로 끈을 떠서 달고 눈을 달아 준다.

재료와 도구

실 스펀지얀 노란색 60g,
진분홍색 조금
바늘 코바늘 7/0호
기타 스펀지 조금, 인형 눈 1쌍

완성치수

길이 19cm, 둘레 28cm

✳ 몸판 뜨기

16cm
(20단)

10단

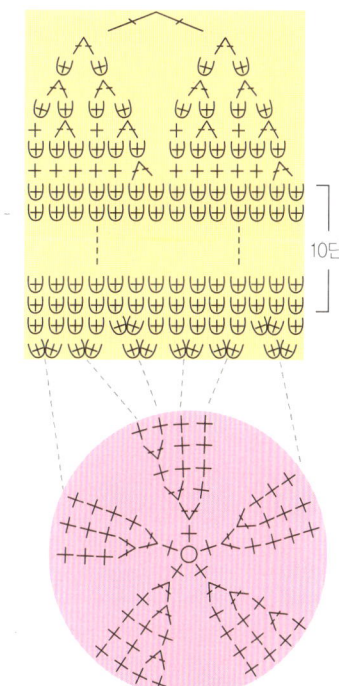

4.5cm

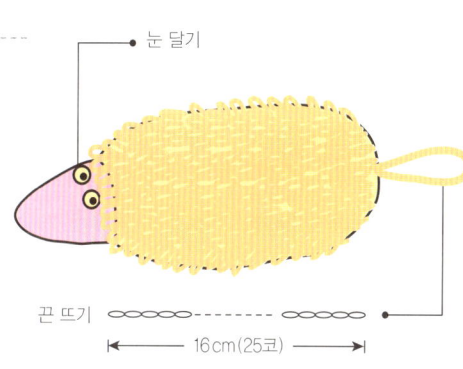

눈 달기

끈 뜨기

16cm(25코)

거실에서 사용해요~

09

키보드 청소 미니 솔

컴퓨터 책상 곁에 두고 쓰면 좋을 아이템.
컴퓨터 모니터나 키보드 사이사이를 닦거나
털어 주는 데 요긴하다.
가터뜨기한 2장의 편물을 엇갈리게
돌돌 말아 만들었다.

1 연분홍색 스펀지얀으로 7mm 대바늘을 이용해 9코를

잡고 도안과 같이 가터뜨기와 감아코로 10무늬 40단을 뜬다.

2 진분홍색 스펀지얀으로 같은 방법으로 한 장 더 뜬다

3 떠 놓은 2장의 모티브를 그림과 같이 엇갈리게 맞대어 놓고

돗바늘로 꿰매 준다.

4 솔 윗부분에 사슬뜨기로 끈을 만들어 달아 완성한다.

재료와 도구

실 스펀지얀 연분홍색 10g,
진분홍색 10g
바늘 대바늘 7mm

완성치수

길이 7cm

□ = ―

20cm
(40단)

7cm(9코)

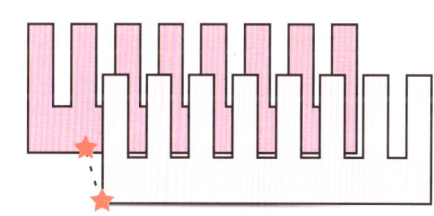

시작점이 차이 나게 맞대고
돌돌 말아 가며 돗바늘로 꿰매 준다.

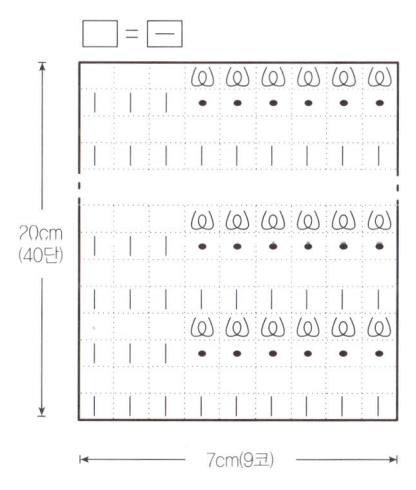

6cm(12코)

거실에서 사용해요~

10
장식 겸용 닦이

크기가 작아 손이 잘 들어가지 않는
서랍 속 모서리나 화장품 케이스 등을
구석구석 닦아 주기에 좋다.
휴대용으로 가지고 다니면서 사용한다.

사용한 뜨기부호

◯ 사슬뜨기
✝ 짧은뜨기
Ŧ 한길긴뜨기
🎀 피코뜨기
⬤ 빼뜨기

1 빨간색 스펀지얀으로 코바늘 7/0호를 이용해 사슬코

6코를 잡아 모티브 뜨기를 시작하여 2단부터는 초록색 실로

바꾸어 뜬다.

2 마지막 단을 뜬 후 실을 잡아당겨 모티브를 입체적으로 만든

다음 안쪽에서 꿰매어 꽃잎 부분을 정리한다.

3 사슬뜨기로 끈을 만들어 빼뜨기로 달아 완성한다.

재료와 도구

실 스펀지얀 빨간색 ·
　　초록색 조금씩
바늘 코바늘 7/0호

완성치수

지름 9cm

12cm

15cm(30코)

다 뜬 후
피코뜨기
부분을 모아
꿰매 준다.

거실에서 사용해요~

사용한 뜨기부호

○ 사슬뜨기
╋ 짧은뜨기
Т 긴뜨기
〒 한길긴뜨기
● 빼뜨기

11

미니슬리퍼 멀티닦이

핸드폰이나 가방, 열쇠고리 액세서리로
이용해도 좋을 아이템. 비닐 제품은 물론
가죽 제품을 닦아도 좋다.
스펀지얀으로 가죽 제품을 닦아 주면
금세 반짝반짝 윤이 난다.

1 빨간색 스펀지얀으로 7/0호 코바늘을 이용해 사슬코

10코를 잡아 도안과 같이 슬리퍼의 밑판 부분을 뜬다.

2 스펀지얀을 진노란색, 주황색, 진분홍색 등으로 색을 바꿔 가며

슬리퍼의 위판 부분도 떠 놓는다.

3 밑판과 위판을 빼뜨기로 연결해 완성한다.

재료와 도구

실 스펀지얀 빨간색 10g,
진노란색 · 주황색 ·
진분홍색 조금씩
바늘 코바늘 7/0호

완성치수

가로 6cm, 세로 12cm

※ 위판 뜨기

※ 밑판 뜨기

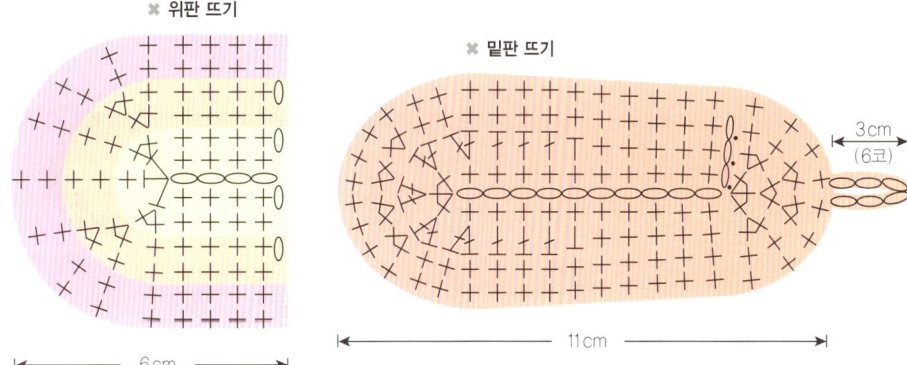

6cm

11cm

3cm
(6코)

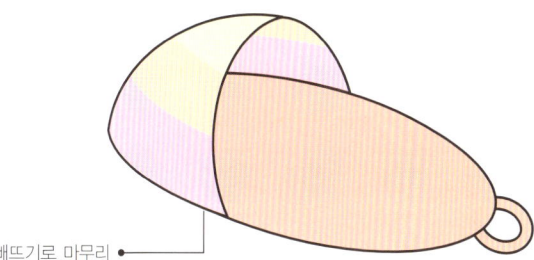

빼뜨기로 마무리 ●

거실에서 사용해요~

12

깜찍 스마일 전화기솔

링뜨기와 짧은뜨기로 완성한 작은 솔.
주머니 형태로 되어 있어 손가락을 넣고
소형 가전제품을 닦기에 편리하다.
플라스틱 장난감 닦이용으로도 적당하다.

사용한 뜨기부호

◯ 사슬뜨기
✚ 짧은뜨기
⊞ 링뜨기
⬤ 빼뜨기

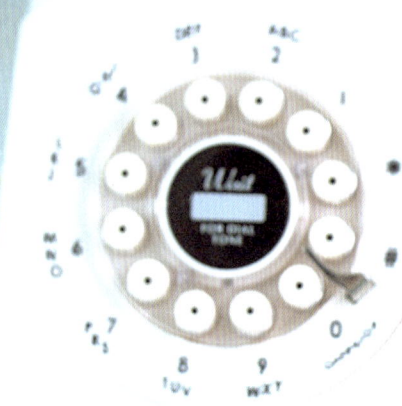

1 진파란색 스펀지얀으로 도안과 같이 밑판을, 흰색

스펀지얀으로 위판 얼굴 모티브를 떠 준다.

2 귀 부분은 파란색 스펀지얀으로 뜨고 진분홍색으로 빼뜨기를

하여 입 모양을 만들고 눈을 달아 준다.

3 밑판과 위판을 짧은뜨기로 연결하고 끈을 떠서 달아 준다.

재료와 도구

실 스펀지얀 진파란색 · 흰색 ·
파란색 · 진분홍색 조금씩
바늘 코바늘 7/0호
기타 작은 인형 눈 1쌍

완성치수

지름 9cm

※ 밑판 뜨기

※ 위판 뜨기

7cm

7cm

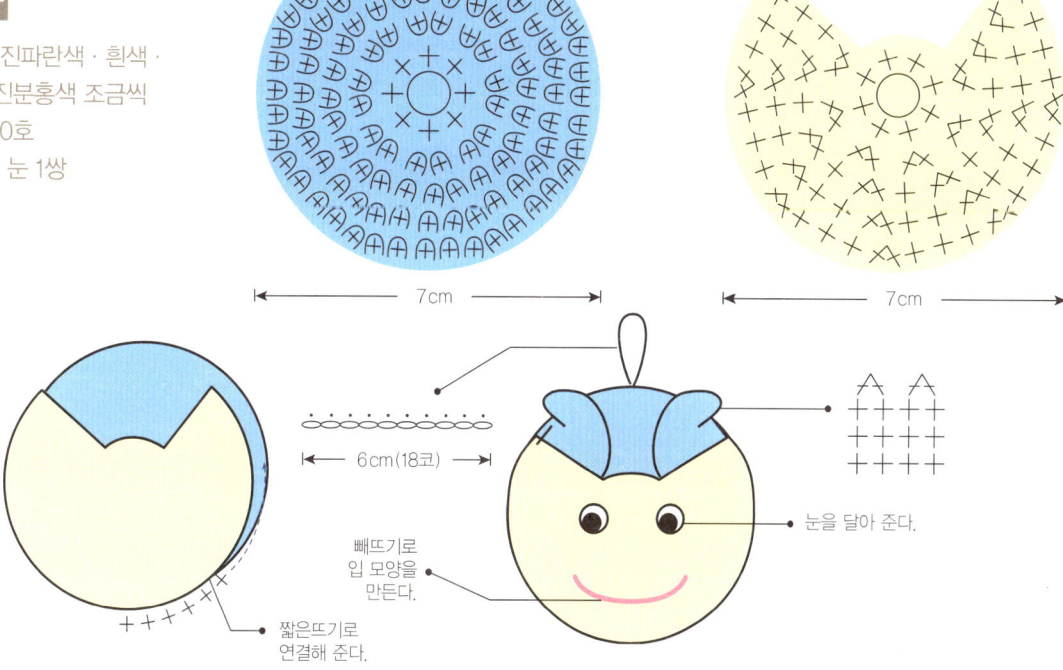

6cm(18코)

빼뜨기로
입 모양을
만든다.

눈을 달아 준다.

짧은뜨기로
연결해 준다.

13
원형3면 만능닦이

가전제품이나 가구 등 닦을 수 있는
것이면 어떤 것이든 먼지나 얼룩을
지울 수 있는 그야말로 만능 닦이.
자동차 안에 두고 차 유리나
거울을 닦을 때 써도 좋다.

거실에서 사용해요~

사용한 뜨기부호

◯ 사슬뜨기
✛ 짧은뜨기
Ŧ 한길긴뜨기
● 빼뜨기

1 주황색 스펀지얀으로 7/0호 코바늘을 이용해 원형코를

만들고 도안과 같이 색을 바꿔 가며 한길 긴뜨기로 3단을 뜬다.

2 같은 방법으로 3장을 떠 놓는다.

3 3장의 모티브를 그림과 같이 맞대어 놓고 반원씩 짧은뜨기로

연결한다. 사슬뜨기로 끈을 떠서 달아 완성한다.

재료와 도구

실 스펀지얀 주황색 · 파란색 ·
　　 빨간색 조금씩
바늘 코바늘 7/0호

완성치수

지름 13cm

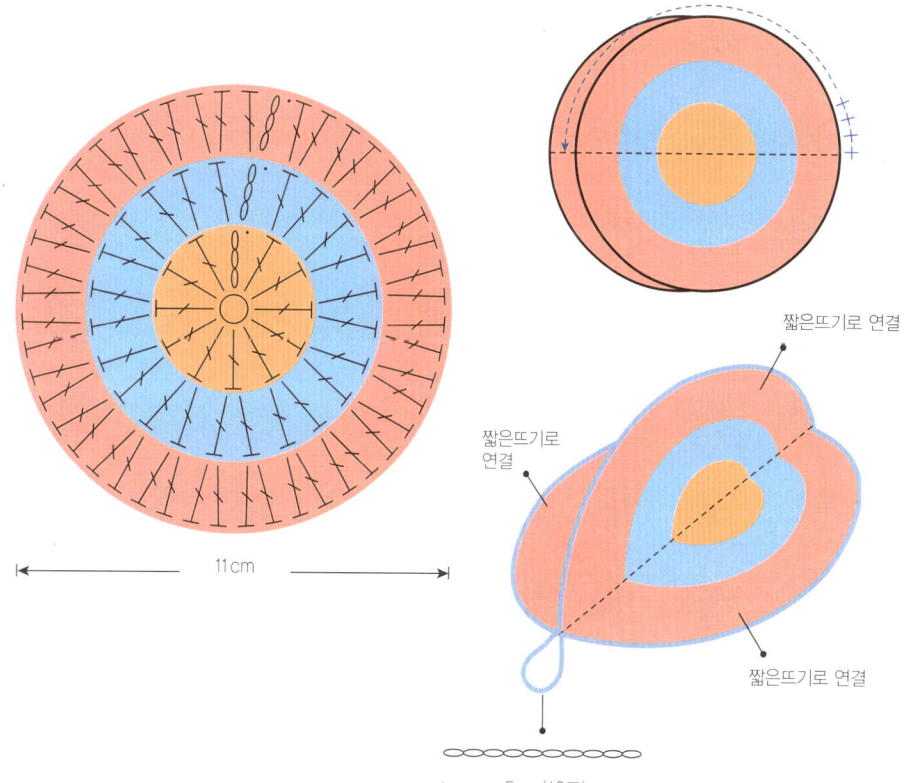

11cm

짧은뜨기로 연결

짧은뜨기로
연결

짧은뜨기로 연결

5cm(10코)

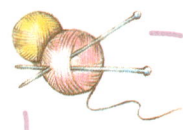

대바늘 뜨개 기법 익히기

손뜨개에 빨리 익숙해지려면 기호 보는 법부터 익히는 것이 좋다.
그러면 처음 보는 무늬뜨기 도안이 나오더라도 당황하지 않고 하나하나 코 수를 세어 가며 쉽게 뜰 수 있다.

겉뜨기

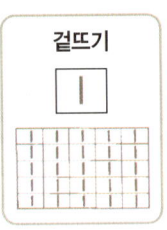

1 실을 뒤쪽으로 놓고 뒤코를 잡아 첫 코를 뺀다.

2 바늘에 실을 걸어서 앞쪽으로 끌어낸다.

3 겉뜨기가 완성된 모양.

안뜨기

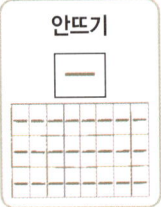

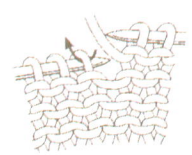

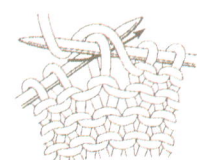

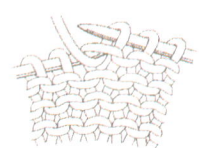

1 실을 앞쪽에 두고 오른쪽 바늘은 뒤쪽에서 앞쪽으로 나오도록 넣는다.

2 바늘에 실을 걸어서 앞쪽으로 끌어낸다.

3 안뜨기가 완성된 모양.

1×1 고무뜨기

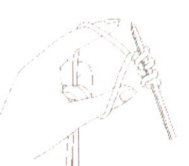

1 a, b, c의 순서로 바늘에 실을 건다.

2 d방향으로 실을 걸어 세 번째 코를 만든다.

3 ②를 반복한다.

4 ②, ③을 반복해 필요한 코 수를 만든 다음 묶어준다.

왼코 겹치기

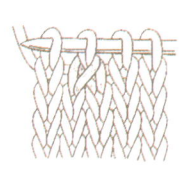

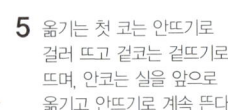

1 2코를 한꺼번에 왼쪽 바늘에 넣어 겉뜨기로 뜬다.

2 한 단 아래 왼쪽 코가 오른쪽 코에 겹쳐진 모양.

5 옮기는 첫 코는 안뜨기로 걸러 뜨고 겉코는 겉뜨기로 뜨며, 안코는 실을 앞으로 옮기고 안뜨기로 계속 뜬다.

6 앞단과 마찬가지로 첫 코는 안뜨기로 걸러뜨고 겉코 1코와 안코 1코를 겉뜨기, 안뜨기로 되풀이한다.